机械零部件 CAD/CAM 实用技术培训教材

Pro/E Wildfire 中文版
模具设计教程

主　编　张武军
副主编　桂　树　赵恒毅　程　燕

北　京

冶金工业出版社

2007

内 容 简 介

Pro/ENGINEER 是著名的 CAD/CAM 专业类软件，功能强大，在国内外有相当广泛的应用。本书主要介绍以 Pro/ENGINEER 的最新版本 Pro/ENGINEER Wildfire 中文版的模具、型腔、模块进行模具设计的方法，也讨论了如何把装配模块应用于模具设计。本书通过实例由浅入深地介绍了模具文件的创建、参考零件的建立、分模面的设计、浇注系统的建立、开模动作的设计等内容。

本书不仅可作为高级技工的培训教材，也适合于工程人员学习使用 Pro/ENGINEER Wildfire 中文版进行复杂的模具设计，也适合作为大学三四年级"计算机辅助设计""计算机辅助制造""模具设计"等课程的上机教材或参考资料。

图书在版编目（CIP）数据

Pro/E Wildfire 中文版模具设计教程/张武军主编.
—北京：冶金工业出版社，2007.4
（机械零部件 CAD/CAM 实用技术培训教材）
ISBN 978-7-5024-4233-0

Ⅰ．P… Ⅱ．张… Ⅲ．模具－计算机辅助设计－应用软件，Pro/ENGINEER Wildfire－技术培训－教材
Ⅳ．TG76-39

中国版本图书馆 CIP 数据核字（2007）第 035333 号

出 版 人 曹胜利（北京沙滩嵩祝院北巷 39 号，邮编 100009）
责任编辑 张 卫（联系电话：010-64027930；电子信箱：bull2820@sina.com）
　　　　　王雪涛（联系电话：010-64423227；电子信箱：2bs@cnmip.com.cn）
　　　　　张爱平（联系电话：010-64027928；电子信箱：zaptju99@163.com）
美术编辑 李 心 版面设计 张 青 责任校对 符燕蓉 李文彦 责任印制 丁小晶
ISBN 978-7-5024-4233-0
北京鑫正大印刷有限公司印刷；冶金工业出版社发行；各地新华书店经销
2007 年 4 月第 1 版，2007 年 4 月第 1 次印刷
787mm×1092mm 1/16；18 印张；489 千字；276 页；1-3000 册
39.00 元
冶金工业出版社发行部 电话：（010）64044283 传真：（010）64027893
冶金书店 地址：北京东四西大街 46 号（100711） 电话：（010）65289081
　　　　　（本社图书如有印装质量问题，本社发行部负责退换）

前　言

Pro/ENGINEER 是美国 PTC 公司推出的一套最新三维专业 CAD/CAM 软件系统，它广泛地应用于机械、汽车、模具、工业设计、航天、家电、玩具等行业。Pro/ENGINEER 以其强大的功能模块，深受国内外制造业的宠爱，许多国外院校已经把它列为工程相关专业的必修课程。

Pro/ENGINEER Wildfire 中文版是目前推出的最新版本，它涵盖从概念设计、工业造型设计、三维模型设计、分析计算、动态模拟与仿真、工程图的输出到生产加工成产品的全过程，其中还包括了大量的电缆和管道布线、模具设计等实用模块。与以往版本相比，它增加了许多新功能，对原用户界面进行了较大改动，使其更接近目前流行的应用软件风格，方便用户设计。

本书主要介绍以 Pro/ENGINEER Wildfire 中文版的模具、型腔、模块进行模具设计的方法，也讨论了如何把装配模块应用于模具设计。本书通过实例由浅入深地介绍了模具文件的创建、参考零件的建立、分模面的设计、浇注系统的建立、开模动作的设计等内容。书中的实例经典、易懂，每一个实例都是先分析关键技术，然后给出设计流程，再详细介绍具体设计过程，最后给出总结与相关练习题。

第 1 章介绍了 Pro/E 模具设计的基础知识；第 2~10 章通过不同的实例介绍孔的设计、砂芯的设计、一模多穴的设计、UDF 的应用、模具检测、滑块的设计以及销的设计；第 11 章、第 12 章介绍了利用装配模块进行模具设计；第 13 章通过一个复杂的实例对前面所学知识进行了总结。

本书由张武军任主编，桂树、赵恒毅、程燕任副主编，陶溢、林彬彬、何鑫、王轩、熊九龙、许琰、谢立强、王晨阳、葛玮、徐波、徐浩、许华等参加了编写工作，王欢同志对本书提出了宝贵意见，在此表示感谢！

由于编者水平有限，加之时间仓促，书中不妥之处，敬请读者批评指正。

编著者

2007 年 2 月

目　录

1 模具设计概论

Pro/ENGINEER（本书以后简称 Pro/E）是价值数十万元的大型软件，是全球最先进，国内最流行的工业模具软件，Wildfire 中文版是它的最新版本。本章是学习 Pro/E 软件的准备部分，首先对该软件进行简单介绍，然后分析 Pro/E 模具设计的一般过程，最后详细讲解各个过程的设计要点。

1.1　概述

Pro/E 是美国 PTC 公司（Parametric technology corporation，参数技术公司）研发设计的。该公司自从 1989 年上市后，就引起机械 CAD/CAE/CAM 界的极大轰动，其销售及净利润连续 50 多个季度递增，并且递增速度极快。PTC 公司在企业制造三维设计中占有极其重要的地位，世界主要的汽车制造厂以及空中客车、波音公司等飞机制造公司都是 PTC 的客户。在中国，PTC 公司的客户已经进一步地发展到了汽车、航空、造船等国内的重要企业，比如汽车行业的一汽、二汽，都分别使用超过三、四百套的 PTC 软件来进行整车的三维设计。在航天领域，负责研发运载火箭和卫星的航天部一院、二院、三院、五院等都在采用 PTC 的软件。在船舶行业，国内的军船行业正在采用 PTC 的标准系统。除此之外，在家电、高科技领域，海尔、华为、联想等国内知名企业都在使用 PTC 的系统。大到发动机引擎，小到高尔夫球头，现在 PTC 在中国拥有近 200 家大大小小的用户。

Pro/E 软件产品的设计思想体现了 MDA 软件的发展趋势，在国际 MDA 软件市场上处于领先地位，它提出的单一数据库、参数化、基于特征、全相关及工程数据再利用等概念改变了 MDA 的传统观念，这种全新的概念成为当今世界 MDA 领域的新标准。利用这种标准，Pro/E 软件能将产品从设计到生产的过程集成在一起，让所有的用户同时进行同一产品的设计与制造工作，即所谓的并行工程。Pro/E 软件目前共有 80 多个专用模块，涉及工业设计、机械设计、功能仿真、加工制造等方面，为用户提供了各种解决方案。Pro/ENGINEER WILDFIRE（即 Pro/E Wildfire 版），是 PTC 公司的新产品，它是在 Pro/E2001 的基础上进行改进的，并且推出了中文版。Pro/E Wildfire 中文版不仅提供了智能化的界面，使产品设计操作更为简单，并且继续保留了 Pro/E 将 CAD/CAM/CAE 三个部分融为一体的一贯传统，为产品设计生产的全过程提供概念设计、详细设计、数据协同、产品分析、运动分析、结构分析、电缆布线、产品加工等功能模块。Pro/E Wildfire 版的主要功能模块主要包括：

（1）Pro/ENGINEER 的基本模块；

（2）工业外观造型强有力的工具；

（3）复杂零件的曲面设计工具；

（4）复杂产品的装配设计工具；

（5）运动仿真模块；

（6）结构强度仿真模块；

（7）疲劳分析工具；

（8）塑料流动分析工具；

（9）热分析工具；

（10）公差分析及优化工具；

（11）基本数控编程包；

（12）多轴数控编程包；

（13）通用数控后处理；

（14）数控钣金件加工编程；

（15）NC 仿真及优化；

（16）模具设计；

（17）ARX 进阶涂彩模块；

（18）REX 逆向工程；

（19）FEX 钢构设计模块；

（20）PDX 级进模模块；

（21）Pro/BATCH 批次处理模块；

（22）二次开发工具包。

Pro/E Wildfire 版在业界熟悉的 Pro/ENGINEER 工作环境与 PTC 公司的 Windchill 协同解决方案之间建立起了无缝连通性。设计师可以轻松地进行创造、协作和控制。这个全面的一体化软件，可以让产品开发人员提高产品质量、缩短产品的上市时间、减低成本、改善过程中的信息交流途径，同时为新产品的开发和制造提供了全新的创新方法。Pro/E Wildfire 版有许多新特点，主要如下：

（1）Pro/E Wildfire 版提供了全新的用户界面和柔性工作流，简化了用户和软件的交互操作。智能化的滑出式菜单，如图 1-1 所示，使用户可以获得优化的工作流。增强的图形预览功能，用一个更自然的仪表板代替了对话框，使用户最常见的功能唾手可得，从而使图形建模更容易。

（2）在功能上，Pro/E Wildfire 版在 450 多处提供了增强的功能，并增加了 6 个新模块——ARX 进阶涂彩模块、REX 逆向工程、DCX 点对点设计协同、FEX 钢构设计模块、PDX 级进模模块、Pro/BATCH 批次处理模块，进一步改进了产品设计的视觉效果。

（3）在支持 Web 服务上，Pro/E Wildfire 版将网络浏览器嵌入 CAD 环境，用户和合作伙伴、客户、供应商能通过互联网实时共享设计，这种点对点（P2P）设计会议功能，重新定义了产品开发过程，提高了产品设计的效率，缩短了产品的上市时间，通过支持 Web 的技术来获得前所未有的连通性。Pro/E Wildfire 版非常强调对 Web 的支持，进入软件后，就直接出现 Web 界面，如图 1-2 所示。

图 1-1　智能式菜单

1.2　模具设计一般步骤

通常讲的模具设计过程是指从建立参考零件、创建模具元件到定义开模的过程，模具设计的基本流程如表 1-1 所示。

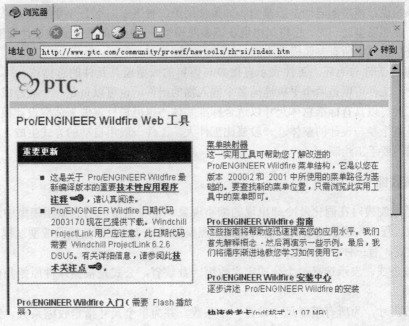

图 1-2 嵌入的 Web 界面

表 1-1 基本流程

步 骤	操 作 内 容	简 介
1	建立模型	通过装配或创建参照模型（也可是工件）来创建模具模型参照模型，表示要铸造的模型工件
2	设置收缩	在模具模型上创建收缩，是将收缩值应用到参照模型上，按照成型过程中出现的收缩比来增加模型尺寸
3	创建分模面	选择单一曲面或是几个单一曲面的合成面，以用于模具分割
4	设置浇注系统	添加浇口、流道及水线等模具特征，完成整个浇注系统
5	分割模具体积块	根据分模面分割模具体积块，生成两个模具体积块芯和型腔模具体积块
6	抽取模具元件	提取模具体积块，生成模具元件后，模具元件即成为功能齐全的 Pro/E 零件，它可在零件模式中调出，也可用于进一步的 Pro/NC 加工
7	创建浇注件	根据减去所抽取的模具元件后工件中剩余的体积块来自动创建浇注件
8	定义开模顺序	定义上模、下模的开模顺序，必要时还要包括辅助元件（如型芯、滑块、销等）的开模顺序

1.2.1 建立模型

建立模型有两种方法：

（1）利用参考零件。设计参考零件是模具参照零件几何的一个来源，它和普通的零件在性质上是一样的。设计零件与参照零件之间的关系取决于创建参照零件时使用的方法。在装配参照零件时，可将设计零件几何复制到参照零件中。在这种情况下，可将收缩应用到参照零件，并可创建拔模倒圆角及其他特征；这些改变不会影响设计模型，但是在设计模型中进行的任何改变都自动在参照零件中反映出来。可选择将设计零件指定为模具参照零件，此时它们将成为相同模型。在创建多腔模具时，既可利用参照零件布局功能阵列参照模型，也可装配几个全部从同一个原始设计模型创建的参照模型。如果使用第二种方法，则必须要注意如果将某个特征添加到多个参照模型之一时，它将只出现在该参照模型中，但是如果对原始设计模型进行更改，则那些改变将出现在所有参照模型中。

（2）创建工件与毛坯。工件表示直接参与熔料的成型模具元件的总体积，可以是顶部及底部嵌入物。工件可以是两个平板连同多个嵌入物的组件，也可以只是一个被分成多个元件的嵌入物。工件可以具有标准总体尺寸以适合标准基体，也可进行定做来适应设计模型的几何形状。毛坯是整个参与设计的整体，一般要比工件大。工件一般用自动的方式生成，毛坯一般是设计者根据需要手工绘制。

1.2.2 设置收缩

收缩是指制模时在固化及冷却出现的缩小现象。将收缩值应用到参照模型中，就可按照与模具成型过程的收缩量成比例的值来增加参照模型的尺寸。在开始模具成型过程之前，应对收缩进行设置。有三种收缩方式：

（1）按公式，表示选择一个公式定义收缩因数缺省，公式是根据零件原始几何来计算收缩的。

（2）按尺寸，为所有模型尺寸设置一个系数，并为单个尺寸指定收缩系数。系统将把此收缩应用到设计模型中，应用到了参照零件中。

（3）按比例，相对于一个坐标系来按比例收缩零件几何。可为每个坐标指定不同的收缩因数。此收缩只有在模具或铸造模式中进行了设置，它影响参照模型。

要根据模具的特性选择收缩，一般刚性模常选用的收缩率为千分之五。在零件中使用收缩特征时，要特别注意下列要点：

（1）输入一个负收缩可减少尺寸值，输入一个正收缩可增加尺寸值，千万不要搞反了。

（2）为了使用收缩必须清除所有"尺寸边界"。

（3）当一个零件具有与其相关联的收缩信息时，名义尺寸显示为红色，且收缩值被括在括号中，以百分比表示，通过收缩菜单来修改收缩值。

（4）在零件模式下应用隐含的收缩时，模具中的尺寸恢复其名义值，并显示为黄色。

1.2.3 创建分模面

分模面是极薄且定义了边界的非实体，是用来分割工件体积块的。要成功创建分型曲面，必须遵循两个基本原则：

（1）分模曲面必须与工件或模具体积块完全相交，才能进行分割；

（2）分模曲面不可与其自身相交。

在创建分模面时，先要创建曲面，创建曲面的一般方法如下：

（1）拉伸。在垂直于草绘平面的方向上，通过将草绘截面拉伸到指定深度来创建曲面，如图1-3所示面即为拉伸面。

（2）旋转。围绕第一条草绘中心线，通过以指定角度旋转草绘截面来创建曲面，如图1-4所示。

（3）扫描。沿指定轨迹扫描草绘截面来创建曲面。

（4）混合。创建可连接几个草绘截面的平直或光滑的混合曲面。

（5）平整。通过草绘其边界创建平面基准曲面，如图1-5所示。

图 1-3　拉伸

图 1-4　旋转

图 1-5　平整

（6）偏距。通过偏移参照零件的曲面来创建基准曲面。

（7）复制。通过复制参照零件的曲面来创建基准曲面。

（8）通过裁剪复制。创建裁剪曲面的副本。

（9）圆角。通过创建圆角曲面来创建面组。

（10）着色。用光投影技术来创建分型曲面和元件几何。

（11）裙边。通过拾取用侧面影像曲线创建的基准曲线并确定拖动方向来创建分型曲面。

（12）高级。创建复杂曲面，例如使用基准曲线等。

1.2.4　设计浇注系统

注道和浇口组成模具的浇注系统，用于生产时注入生料。建立浇注系统要求：

（1）注道系统顺畅，利于生料注入；

（2）浇口大小合适，既要利于浇注，也要利于成形品再加工。

1.2.5　创建体积块

创建体积块就是创建模具的整个体积，具体有两种方法：

（1）利用聚合特征。通过收集参照模型曲面然后将其封闭以定义封闭体积块，快速定义模具体积块的形状。如果参照模型发生改变，聚合也将在再生时更新，避免了手工更新体积块。

利用聚合特征生成体积块，首先要选取表面，可以拾取曲面，即每次从参照模型上拾取一个曲面，也可以拾取曲面与边界，即每次从参照模型拾取一个种子曲面和几个边界曲面；然后修改选定面组，可以用排除法从选定曲面中排除不要的曲面，也可以用填充法拾取曲面而忽略其内部轮廓；最后创建封闭体积块，软件会根据选定的表面和边界生成体积块。

（2）草绘体积块。模具体积块的形状还可通过草绘来定义。当用草绘开始创建体积块时，就会出现增加或删除体积块的选项。如果选择增加体积块，则将创建组件级伸出项；如果选择删除体积块，则将创建组件级切口。

当选择在模具体积块内创建草绘特征时，会出现与创建所有草绘特征同样的选项。这些选项与创建所有其他草绘特征时所起的作用一样，唯一区别在于创建模具体积块时必须草绘一个封闭截面。

1.2.6　创建模具元件

定义完所有模具体积块后，就可从工件抽取它们以产生模具元件。通过用实体材料填充先前定义的模具体积块来产生模具元件，所以说填充模具体积块实际上是通过执行抽取操作来完成的。

1.2.7　创建浇注件

在创建了抽取元件后，就可以创建浇注件。它是通过确定减去抽取部分后的工件剩余体积来创建 Pro/E 零件的，并且可以为零件的计算质量等属性提供方便。

铸模一般示意图如图 1-6 所示。

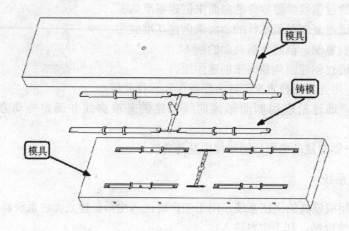

图 1-6　铸模

1.2.8　开模

打开模具，即拆模的过程。模拟模具打开过程可使用户检查设计的适用性。可对指定组件的任何成员进行移动，但参照模型工件或模块除外。实际在打开模型或模具之前，可很方便地遮蔽参照模型和工件。

打开模具的示意图如图 1-7 所示。

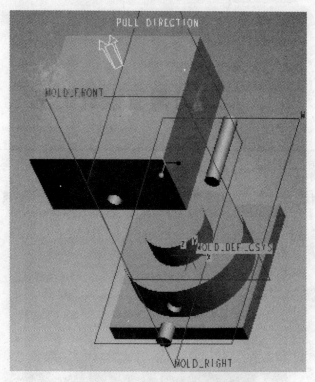

图 1-7　打开模具示意图

本 章 小 结

　　本章是本书的基础部分，开始介绍了模具设计的一般步骤，然后分析了各个步骤的设计要点。学习本章可以概略地了解模具设计的整个过程，包括建立模型、设置收缩、设计浇注系统、创建分模面、拆模、创建模具元件以及开模等，为后面的实例学习打好基础。

　　从下一章开始介绍各个模具设计过程。

2 简易分模面设计范例

实 例 概 述

本章讲解的实例是一个如图 2-1 所示的铆钉，用一个简易的分模面把它拆模，完成上模元件与下模元件的设计。

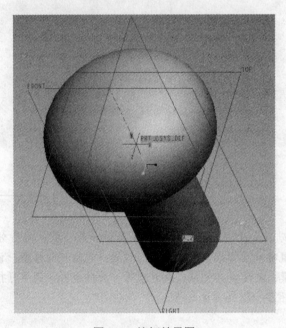

图 2-1 铆钉效果图

2.1 本章重点与难点

2.1.1 设计视图的转换

在进行模具设计的过程中，由于设计所涉及的体、面、线比较多，要用鼠标选取不是很容易的，所以设计时利用设计视图的转换就非常重要。

一般简单的视图转换，可以通过更改视图方向来实现，如图 2-2 所示，可以随时把视图调成标准视图，方便设计。如果要使用上次的视图方向，还可以使用"上一个"按钮。

对于复杂的设计，可以使用视图管理器，如图 2-3 所示。在视图管理器中，可以随时在 6 个方向中切换，也可以选择标准方向与缺省方向，其中的标准方向易于观看，可看到有点斜放置的设计体，缺省方向是用户最先设定的方向。

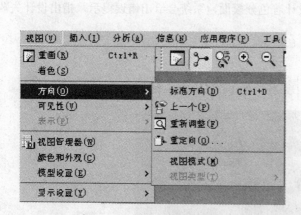

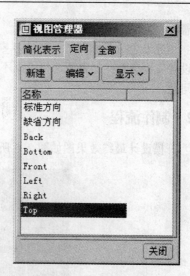

图 2-2　视图方向　　　　　　　　　图 2-3　视图管理器

2.1.2　图层的利用

在设计过程中，往往要和很多个坐标系（工件坐标系、毛坯坐标系等）、多个实体（工件、毛坯、铸件等）打交道，有时难免混淆，所以要设计图层。图层的优点是可以随时屏蔽，保证不会混淆实体与坐标，利于提高设计效率。图层的设计在导航器中完成，如图 2-4 所示，选择"新建层"后，用鼠标点取所要包含的坐标系以及实体后，就完成图层的创建。在设计过程中，可以有针对性地选择屏蔽。

2.1.3　着色分模面的设计

在模具设计中，如果这个参考零件很简单，可以使用软件提供的简单快速生成分模面命令。在 Pro/E Wildfire 中文版中，提供如图 2-5 所示的快速成模方法。

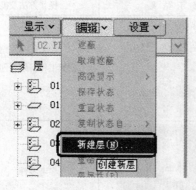

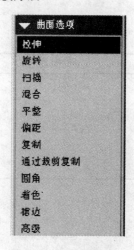

图 2-4　新建图层　　　　　　　　　图 2-5　快速成模方法

分析本章的设计零件（图 2-1），可以看出它是一个实体的零件。对于此类零件，Pro/E 提供了一种简单的方法，即利用零件在某一面的面积最大的阴影来创建分模面，即快速成模中的

"着色"方法。

　　创建着色分模面时，一般选择零件的下底面为阴影面参考面，选择方向向下，Pro/E 会自动设置其他参数；如果所选择的面不能设计着色分模面，系统会给出错误提示，指出设计失败的问题。

2.2　制作流程

　　开模设计最终效果图如图 2-6 所示，表 2-1 给出了创建的基本流程。

图 2-6　模具设计最终效果图

表 2-1　基本流程

步　骤	操 作 内 容	显 示 结 果	操作方法及提示
1	建立模具文件		设置工作目录，创建新文件
2	建立模具模型		加入参考零件

步 骤	操 作 内 容	显 示 结 果	操作方法及提示
3	创建毛坯		利用草绘直接绘制毛坯
4	创建分模面		创建着色分模面
5	创建浇注系统		利用旋转创建
6	创建模具元件		利用分模面分割创建模具元件
7	生成浇注件		直接生成浇注件
8	定义开模		先移动上模，再移动浇注件

2.3 实例制作

2.3.1 建立模具文件

建立模具文件的步骤如下：

（1）新建一个文件夹，命名为"2"，把零件"2.prt"拷贝进文件夹，此零件即为铆钉。

（2）进入 Pro/E 系统。

（3）选择"文件"→"设置工作目录"命令，在"选取工作目录"对话框中选择工作目录为"2"文件夹所在的目录，如图 2-7 所示，单击"确定"按钮完成设置。

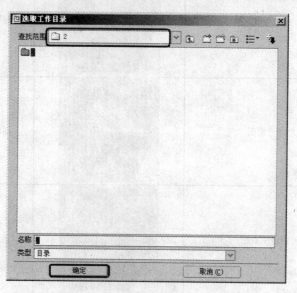

图 2-7　"选取工作目录"对话框

（4）选择"文件"→"新建"命令，在弹出的"新建"对话框中的"类型"选项组中选择"制造"单选按钮，在"子类型"选项组中选择"模具型腔"单选按钮，如图 2-8 所示，在名称栏下输入"2"，取消"使用缺省模板"复选框，单击"确定"按钮。

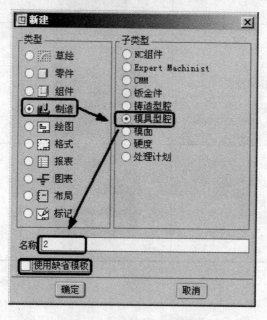

图 2-8　"新建"对话框

（5）在弹出的"新文件选项"对话框中选择 mmns_mfg_mold，表示使用毫米制，单击"确定"按钮，如图 2-9 所示。

图 2-9 "新文件选项"对话框

注意： 如果不选用毫米制，与一般零件的使用单位不符，将造成装配错误。

（6）工作区显示坐标系 MOLD_DEF_CSYS 及基准面 MOLD_FRONT、MOLD_RIGHT 和 MAIN_PARTING_PLN，如图 2-10 所示。

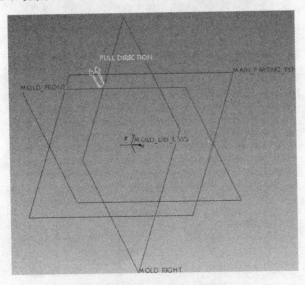

图 2-10 显示坐标系及基准面

2.3.2 建立模具模型

建立模具模型的步骤如下：

（1）在菜单管理器中选择"模具"→"模具模型"→"装配"→"参考模型"命令，在弹出的对话框中选择工件"2.prt"，作为参考零件，如图 2-11 所示。

图 2-11　打开参考零件

（2）单击"打开"按钮，在工作区显示零件，如图 2-12 所示。

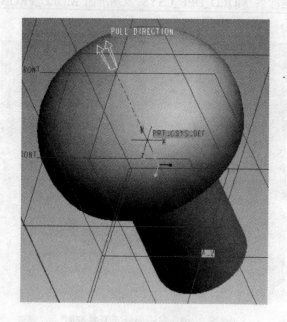

图 2-12　显示零件

（3）在弹出的"元件放置"对话框中，将连接属性设为"缺省"，如图 2-13 所示。

（4）单击"确定"按钮，在弹出的"创建参照模型"对话框中输入参考件的名称"2_REF"，如图 2-14 所示。

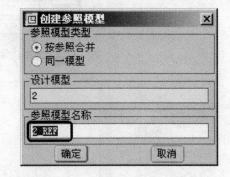

图 2-13 "元件放置"对话框　　　　图 2-14 "创建参照模型"对话框

（5）单击"确定"按钮，模型树显示如图 2-15 所示，表示完成参考件的创建。

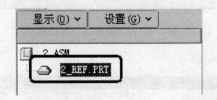

图 2-15 模型树

下面将新建图层，隐藏零件基准面。

（6）在导航器上单击"显示"按钮，显示下拉菜单，选择"层树"选项，如图 2-16 所示。

（7）在层树中指定参考零件 2_REF.prt，在导航器中选择"编辑"→"新建层"命令，如图 2-17 所示。

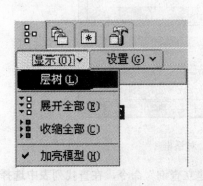

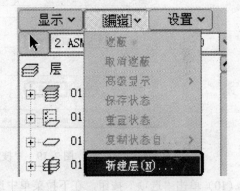

图 2-16 "层树"选项　　　　　　图 2-17 "新建层"命令

（8）弹出"层属性"对话框，在名称栏中输入图层名称 Datum，表示隐藏的是零件的基准平面，如图 2-18 所示。

（9）选择"规则"选项卡，单击"编辑规则"按钮，打开"搜索工具"对话框，如图 2-19 所示。

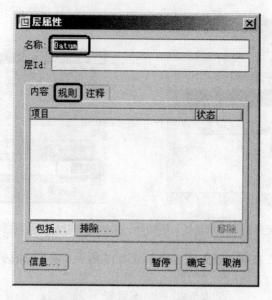

图 2-18 "层属性"对话框

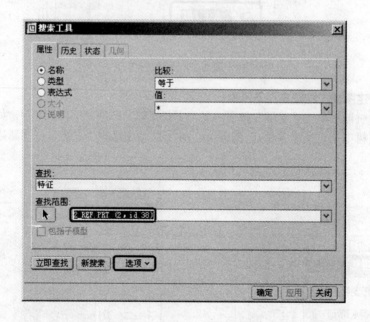

图 2-19 "搜索工具"对话框

（10）单击"选项"按钮，在下拉菜单中选择"建立查询"命令，在查找列表中选择"基准平面"选项，单击"新增"按钮，然后在查找列表中选择"特征"选项，单击"新增"按钮，在规则说明列表框中的"运算符"中设置基准平面和特征之间的关系是"or"，如图 2-20 所示。

（11）单击"立即查找"按钮，在下面的列表框中会显示当前查找到的基准面，单击"确定"按钮，然后在"层属性"对话框中的规则栏中显示规则，如图 2-21 所示。

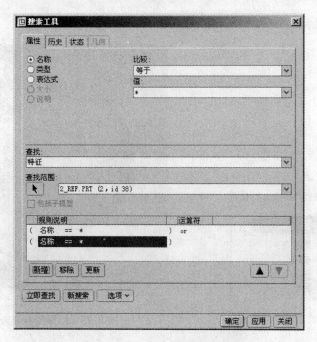

图 2-20 "搜索工具"对话框

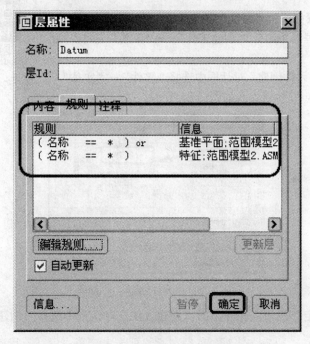

图 2-21 "层属性"对话框

（12）单击"确定"按钮，完成图层 Datum 的创建。

（13）在层树中选择 Datum 图层，单击右键，在弹出的快捷菜单中选择"遮蔽层"命令，如图 2-22 所示。

（14）选择"视图"→"重画"命令调整画面，3 个参考零件的基准面及坐标系在画面中隐藏，如图 2-23 所示。

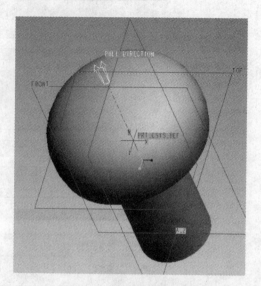

图 2-22 "遮蔽层"命令

图 2-23 隐藏坐标系及基准面

2.3.3 创建毛坯

创建毛坯的步骤如下：

（1）在菜单管理器中选择"创建工件"→"手动"命令，如图 2-24 所示。

（2）在弹出的"元件创建"对话框中选择"零件"→"实体"，在名称栏中输入名称"2_wrk"，如图 2-25 所示。

图 2-24 "创建工件"命令

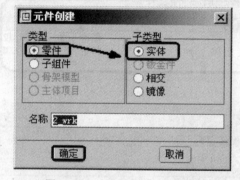

图 2-25 "元件创建"对话框

（3）单击"确定"按钮，在弹出的"创建方法"对话框中选择"创建特征"单选项，如图 2-26 所示。

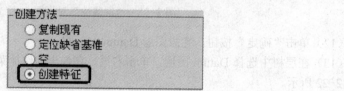

图 2-26 "创建方法"对话框

（4）单击"确定"按钮，开始创建毛坯的第一个特征，选择"实体"→"加材料"→"拉伸"→"实体"→"完成"命令，在特征创建工具栏上选择草绘图标 ✐ ，打开草绘功能。

（5）在弹出的"剖面"对话框中选取 MAIN_PARTING_PLN：F2 作为"顶"参考平面，选取 MOLD_FRONT 作为绘图平面，如图 2-27 所示。

（6）单击"草绘"命令，在弹出的"参照"对话框中，单击"关闭"按钮，如图 2-28 所示。

图 2-27 "剖面"对话框

图 2-28 "参照"对话框

（7）在工作区选择 ☐ 按钮绘制如图 2-29 所示的截面。

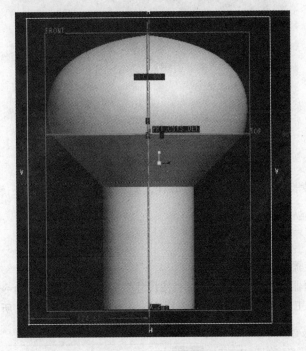

图 2-29 绘制截面

（8）单击 ✔ 按钮，完成草绘，选择标准方向，单击"选项"按钮，设置侧面均为"盲孔"，如图 2-30 所示。

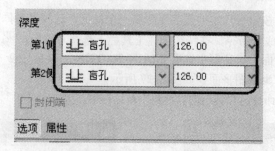

图 2-30　设置盲孔

（9）设置拉伸长度，单击 ✔ 按钮，完成毛坯设计，单击"完成/返回"按钮，在工作区显示毛坯，如图 2-31 所示。

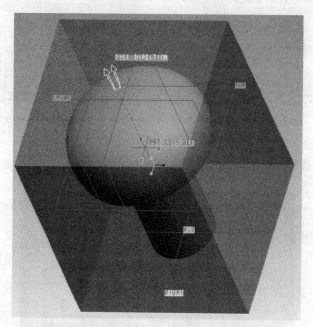

图 2-31　显示毛坯

技巧：设置拉伸长度时，用鼠标左右拉伸，到一个大致的位置后，然后调节两侧长度，务必使两侧长度相等。

2.3.4　设置收缩率

设置收缩率的步骤如下：

（1）在菜单管理器中选择"收缩"→"按尺寸"→"设置/复位"命令，选择"所有尺寸"后，弹出参考零件的工作区，在下面的输入栏中输入 0.0005，如图 2-32 所示。

* 收缩率将用于设置尺寸收缩。
⇨ 为所有范围输入收缩率 'S'（公式：1 + S) 0.0005　　　　　　　　　　　　✔

图 2-32　输入收缩率

（2）单击 ✔ 按钮，选择"完成"→"完成/返回"→"完成/返回"命令，回到模具菜单下，完成收缩的设置。

2.3.5 建立分模面

建立分模面的步骤如下：

（1）在菜单管理器中选择"分型面名称"→"创建"命令，在弹出的对话框中输入分模面名称 PART_SURF_2，如图 2-33 所示。

（2）单击"确定"按钮，选择"拉伸"→"着色"→"完成"命令，如图 2-34 所示。

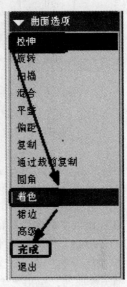

图 2-33　"分型面名称"对话框　　　　图 2-34　"着色"命令

（3）这样将弹出"阴影曲面"对话框，系统会自动完成阴影曲面的设置，如图 2-35 所示。

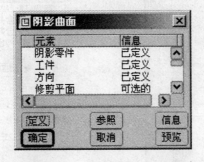

图 2-35　"阴影曲面"对话框

（4）单击"确定"按钮，然后选择菜单管理器下的"完成/返回"命令，遮蔽掉毛坯后，分模面如图 2-36 所示。

2.3.6 建立浇注系统

建立浇注系统的步骤如下：

（1）在菜单管理器中选择"特征"→"型腔组件"命令，这样浇注系统就建立在模具装配件上，毛坯和参考件均可以选取。选择"实体"→"切减材料"→"旋转"→"实体"→"完成"命令，在弹出的特征创建工具栏上选择草绘按钮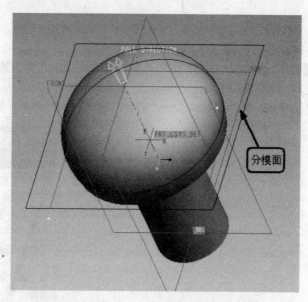，打开草绘功能。

图 2-36   显示分模面

（2）在弹出的"剖面"对话框中选取 MAIN_PARTING_PLN：F2 作为"顶"参考平面，选取 MOLD_FRONT 作为绘图平面，如图 2-37 所示。

（3）单击"草绘"命令，在弹出的"参照"对话框中，选择参考零件的上表面、毛坯上表面和中轴为参照线，单击"关闭"按钮，如图 2-38 所示。

图 2-37   "剖面"对话框

图 2-38   "参照"对话框

（4）在工作区选择 ＼ 按钮，先绘制中心轴线，再绘制截面，如图 2-39 所示。

技巧：用主菜单的 ◎ 按钮来放大局部，可以设计得很精确。

（5）单击 ✔ 按钮，完成草绘，视图选择标准方向，设置旋转角度为"360"，如图 2-40 所示。

（6）单击 ✔ 按钮，完成浇口设计，单击"完成/返回"按钮，在工作区显示浇口，如图 2-41 所示。

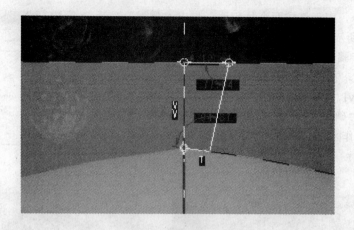

图 2-39 绘制截面

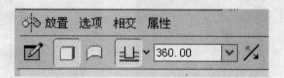

图 2-40 设置旋转角度

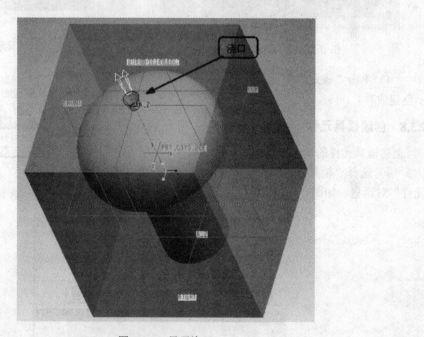

图 2-41 显示浇口

2.3.7 以分模面作出型腔

以分模面作出型腔的步骤如下：

（1）在菜单管理器中选择"模具体积块"→"分割"→"两个体积块"→"所有工件"

→"完成"命令，表示切成两个体积块，弹出"分割"对话框，如图 2-42 所示。

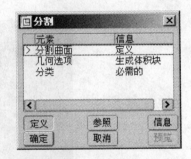

（2）选择步骤 2.3.5 所建立的分模面作为分模面，然后单击"确定"按钮，在提示对话框中输入体积块的名称 body1，工作区显示 body1，如图 2-43 所示。

（3）单击"确定"按钮，在提示对话框中输入体积块的名称 body2，工作区显示 body2，如图 2-44 所示。

图 2-42　"分割"对话框

图 2-43　显示 body1

图 2-44　显示 body2

（4）单击"确定"按钮，模型树显示如图 2-45 所示，表示创建成功。

2.3.8　创建模具元件

创建模具元件的步骤如下：

（1）选择"模具元件"→"抽取"命令，弹出"创建模具元件"对话框，如图 2-46 所示。

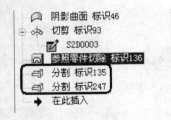

图 2-45　模型树显示分割件

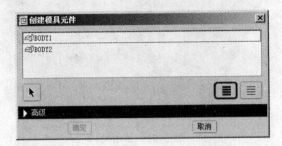

图 2-46　"创建模具元件"对话框

（2）选择 ▤ 按钮，表示全部选中，然后单击"确定"按钮，这样在模型树上就出现创建的型腔 body1 和 body2。

（3）在菜单管理器上选择"完成/返回"命令返回。

2.3.9　生成浇注件

选择"铸模"→"创建"命令，在提示对话框中输入名称 2MOLD，然后单击 ✔ 按钮，在模型树上显示 2MOLD 元件，完成浇注件的创建。

2.3.10　定义开模

定义开模的步骤如下：

（1）在模型树上利用 Ctrl+鼠标左键的方法选中参考件 2_REF、毛坯 2_WRK 及分模面的节点后单击鼠标右键，选择"遮蔽"命令，将参考件、毛坯和分模面隐藏，工作区显示如图 2-47 所示。

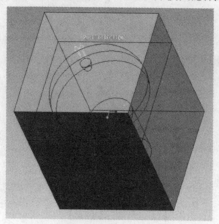

图 2-47　隐藏后的工作区显示

技巧：在定义开模时，把毛坯、参考零件以及分模面和其他特征项隐藏，易于对生成的模具元件进行处理。

（2）单击"模具进料孔"→"定义间距"→"定义移动"命令，开始打开模具的移动设置，如图 2-48 所示。

（3）选择部件 body1，然后选择移动的方向，具体通过选择表面完成，如图 2-49 所示。

（4）输入移动的距离，然后单击 ✔ 按钮，再单击"完成"命令，在工作区显示开模，如图 2-50 所示。

图 2-48　"定义移动"命令

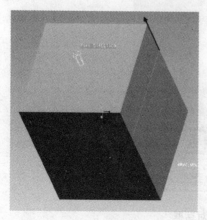

图 2-49　移动方向的选择

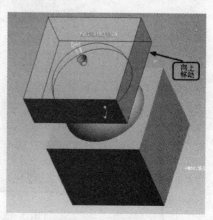

图 2-50　开模显示

技巧：在定义开模时，如果应该选择的方向是下而鼠标显示是上时，可输入负值表示绝对反方向。

（5）"模具进料孔"→"定义间距"→"定义移动"命令，选择部件 body2，设置移动方向向下，输入移动距离，再单击"完成"命令，如图 2-51 所示，由图可看出模具上下模分开，模具设计完成。

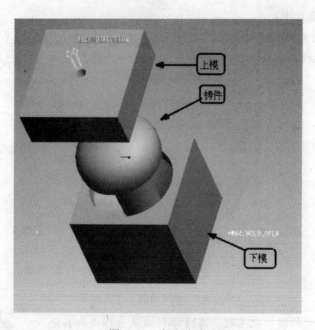

图 2-51 完成移动

（6）保存文件，然后选择"文件"→"拭除"→"当前"命令，弹出"拭除"对话框，如图 2-52 所示。

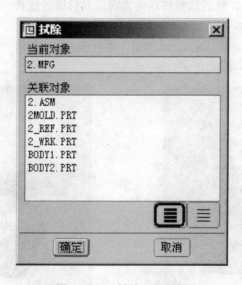

图 2-52 "拭除"对话框

（7）选择 ▤ 按钮，表示选中全部，然后单击"确定"按钮，将所有的相关零件在内存中删除。

本 章 小 结

本章通过一个最简单的模具设计的例子，向读者介绍了模具设计的过程。同时，本章也介绍了许多模具设计中的实用技巧，如设计视图的转换、图层的使用、用 **Ctrl**+鼠标左键选取多个目标等。在分模面设计方面，本章介绍了着色分模面的创建。此外，还介绍了用旋转曲面的方法创建浇注系统。

练 习 题

运用本章介绍的方法对如图 2-53 所示的零件进行模具设计。

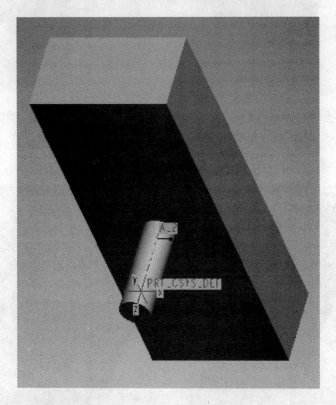

图 2-53 零件效果图

1. 制作要求

（1）设计着色分模面。

（2）定义开模顺序。

2. 技术提示

（1）加入参考零件如图 2-54 所示。

（2）利用草绘绘制毛坯，如图 2-55 所示。

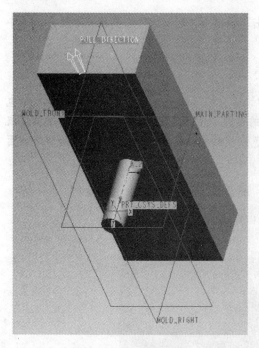

图 2-54   加入参考零件

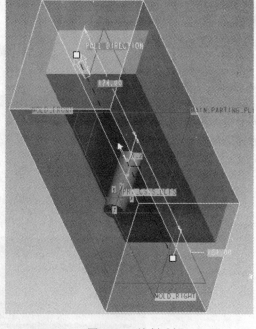

图 2-55   绘制毛坯

（3）利用着色创建分模面，如图 2-56 所示。

（4）创建模具元件、创建浇注件，如图 2-57 所示。

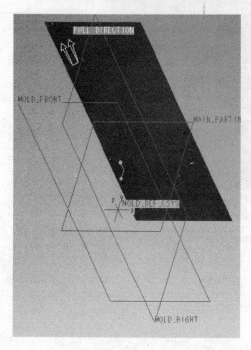

图 2-56   创建分模面

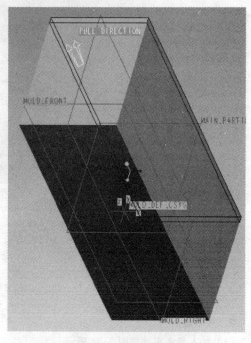

图 2-57   创建模具元件

（5）定义开模过程，开模显示如图 2-58 所示，即为最终效果。

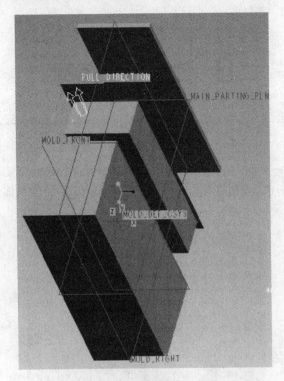

图 2-58　开模效果

3 砂芯设计范例

实 例 概 述

本章讲解的实例是一个如图 3-1 所示的倒杯，砂芯设计是这个倒杯设计必不可少的过程。本实例主要介绍该零件的砂芯、前后型腔的制作。砂芯是杯状物体模具设计的关键部分，它设计的好坏关系到下一步的分模设计。

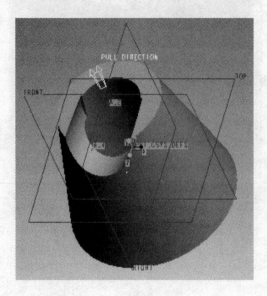

图 3-1 倒杯效果图

3.1 本章重点与难点

3.1.1 砂芯的创建

创建砂芯的关键是创建砂芯分模面。砂芯分模面同普通的分模面一样，也是要求能把毛坯分割开。

创建的砂芯分模面一般通过复制曲面、延拓曲面完成。图 3-2 所示的砂芯分模面，先通过复制的方法选中内表面，然后选中内表面的边界链进行延拓，一般延拓到毛坯的上表面。

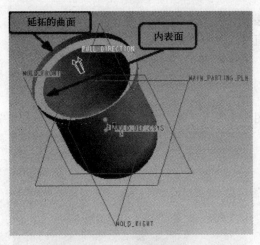

图 3-2　砂芯分模面示意图

3.1.2　曲面的延拓

曲面的延拓可以使创建的曲面轻松延伸到任意表面，从而最终生成分型曲面。曲面可进行四种形式的延拓：

（1）相同曲面。延拓特征与被延拓的曲面是同一类型。原始曲面会越过其选取的原始边界，并越过指定的距离。

（2）逼近曲面。将曲面创建为边界混合。

（3）沿方向延拓。在垂直于特定终止平面方向上，延伸曲面边。

（4）相切曲面。延拓特征是与原始曲面相切的直纹曲面。

其中使用最多的是沿方向延拓，它可以沿某一方向延拓到毛坯曲面。延拓时可以选择依次选取、相切链、边界链和目的链，如图 3-3 所示，其中的边界链系统可以在选择的曲面中给用户提供适合的边界链。

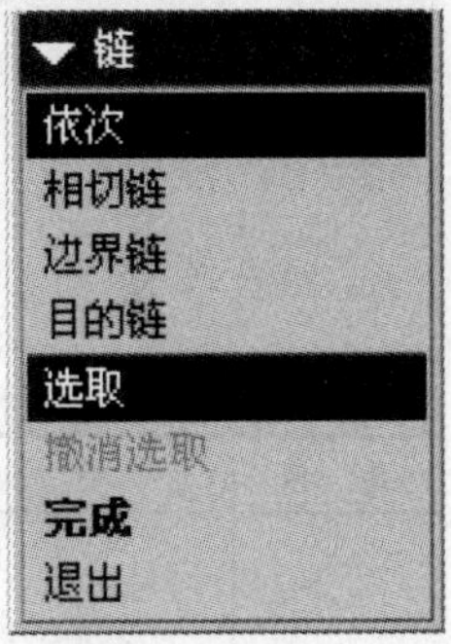

3.1.3　前后型腔的分割

当把砂芯设计好并分割后，就必须对剩下的部分进行分割，以产生前后型腔。前后型腔的分割有一种比较好的方法，就是在剩余体积的中间用一个平整的分型面把它分开，示意图如图 3-4 所示。

图 3-3　链的选择

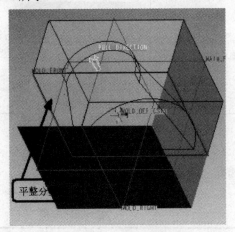

图 3-4　平整分型面

创建平整曲面的方法很简单，概括起来主要有：

（1）用草绘的方法直接绘制平整面；

（2）草绘一条直线，用拉伸的方法把它拉伸成平面。

3.2 制作流程

开模最终效果图如图 3-5 所示，表 3-1 给出了创建的基本流程。

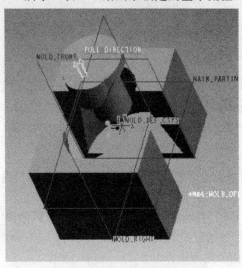

图 3-5　模具设计最终效果图

表 3-1　基本流程

步　骤	操 作 内 容	显 示 结 果	操作方法及提示
1	建立模具文件		设置工作目录，创建新文件
2	建立模具模型		加入参考零件
3	创建毛坯		利用草绘直接绘制毛坯

步 骤	操 作 内 容	显 示 结 果	操作方法及提示
4	创建砂芯分模面		利用复制、延拓方法创建
5	创建分模面		利用拉伸创建
6	创建砂芯体积		利用砂芯分模面分割
7	创建前后型腔		利用分模面分割体积块
8	定义开模		先移动砂芯，再移动前后型腔

3.3 实例制作

3.3.1 建立模具文件

建立模具文件的步骤如下：

（1）新建一个文件夹，命名为"3"，把零件"3.prt"拷贝进文件夹，此零件即为倒杯。

（2）进入 Pro/E 系统。

（3）选择"文件"→"设置工作目录"命令，在"选取工作目录"对话框中选择工作目录为"3"的文件夹所在的目录，如图 3-6 所示，单击"确定"按钮完成设置。

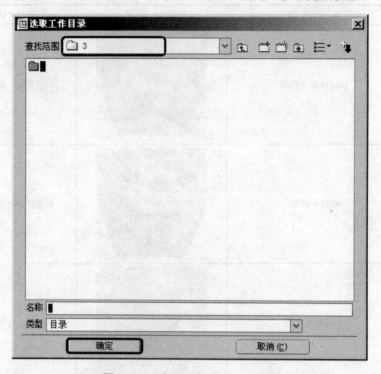

图 3-6　"选取工作目录"对话框

（4）选择"文件"→"新建"命令，在弹出的"新建"对话框的"类型"选项组中选择"制造"单选按钮，在"子类型"选项组中选择"模具型腔"单选按钮，如图 3-7 所示，在名称栏下输入"3"，取消"使用缺省模板"复选框，单击"确定"按钮。

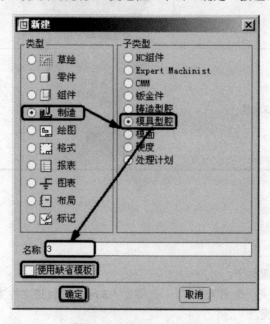

图 3-7　"新建"对话框

（5）在弹出的"新文件选项"对话框中选择 mmns_mfg_mold，表示使用毫米制，单击"确定"按钮，如图 3-8 所示。

图 3-8 "新文件选项"对话框

（6）工作区显示坐标系 MOLD_DEF_CSYS 及基准面 MOLD_FRONT、MOLD_RIGHT 和 MAIN_PARTING_PLN，如图 3-9 所示。

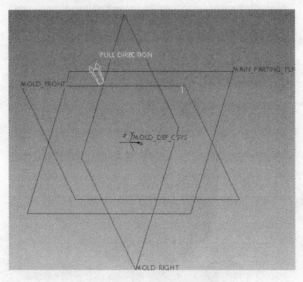

图 3-9 显示坐标系及基准面

3.3.2 建立模具模型

建立模具模型的步骤如下：

（1）在菜单管理器中选择"模具"→"模具模型"→"装配"→"参考模型"命令，在弹出的对话框中选择零件"3.prt"，作为参考零件，如图 3-10 所示。

图 3-10　打开参考零件

（2）单击"打开"按钮，在工作区显示零件，如图 3-11 所示。

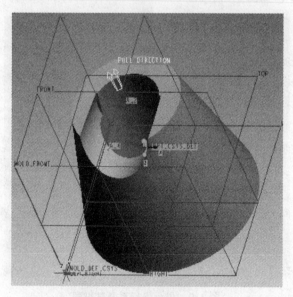

图 3-11　显示零件

（3）在弹出的"元件放置"对话框中，将连接属性设为"缺省"，如图 3-12 所示。

（4）单击"确定"按钮，在弹出的"创建参照模型"对话框中输入参考件的名称"3_REF"，如图 3-13 所示。

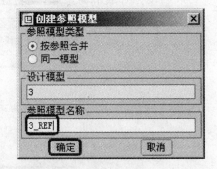

图 3-12　"元件放置"对话框　　　　　　图 3-13　"创建参照模型"对话框

（5）单击"确定"按钮，模型树显示如图 3-14 所示，表示完成参考件的创建。

下面将新建图层，隐藏零件基准面。

（6）在导航器上单击"显示"按钮，会显示下拉菜单，选择"层树"选项，如图 3-15 所示。

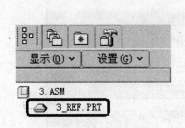

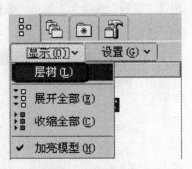

图 3-14　模型树　　　　　　　　　　　图 3-15　"层树"选项

（7）在层树中指定参考零件 3_REF.prt，在导航器中选择"编辑"→"新建层"命令，如图 3-16 所示。

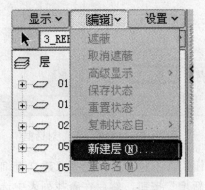

图 3-16　"新建层"命令

（8）弹出"层属性"对话框，在名称栏中输入图层名称 Datum，表示隐藏的是零件的基准平面，如图 3-17 所示。

图 3-17   "层属性"对话框

（9）选择"规则"选项卡，单击"编辑规则"按钮，打开"搜索工具"对话框，如图 3-18 所示。

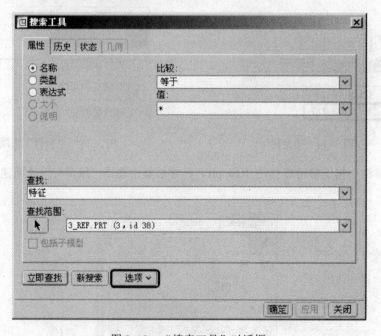

图 3-18   "搜索工具"对话框

（10）单击"选项"按钮，在下拉菜单中选择"建立查询"命令，在查找列表中选择"基准平面"选项，单击"新增"按钮，然后在查找列表中选择"特征"选项，单击"新增"按钮，在规则说明列表框中的"运算符"中设置基准平面和特征之间的关系是"or"，如图 3-19 所示。

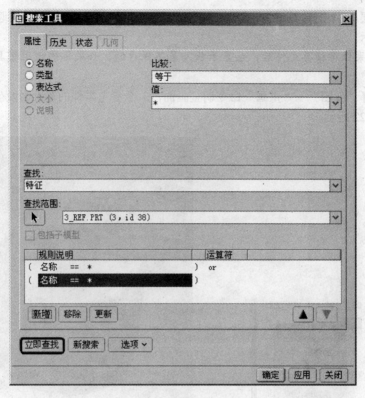

图 3-19 "搜索工具"对话框

（11）单击"立即查找"按钮，在下面的列表框中会显示当前查找到的基准面，单击"确定"按钮，然后在"层属性"对话框中的规则栏中显示规则，如图 3-20 所示。

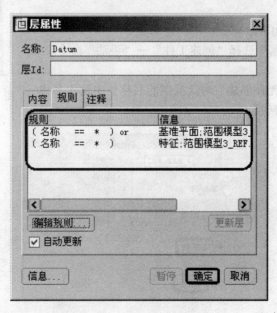

图 3-20 "层属性"对话框

（12）单击"确定"按钮，完成图层 Datum 的创建。

（13）在层树中选择 Datum 图层，单击右键，弹出快捷菜单中选择"遮蔽层"命令，如图 3-21 所示。

警告：如果保存模具文件后，层显示状态是不保存的。如果再次调用模具，必须重新设置显示状态。

（14）选择"视图"→"重画"命令调整画面，3 个参考零件的基准面及坐标系在画面中隐藏，如图 3-22 所示。

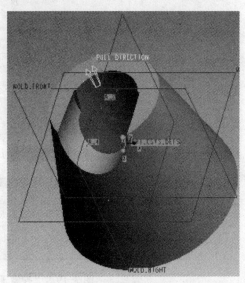

图 3-21   "遮蔽层"命令   图 3-22   隐藏基准面及坐标系

3.3.3   创建毛坯

创建毛坯的步骤如下：

（1）在菜单管理器中选择"创建工件"→"手动"命令，如图 3-23 所示。

（2）在弹出的"元件创建"对话框中的名称栏中输入名称"3_wrk"，如图 3-24 所示。

图 3-23   "创建工件"命令

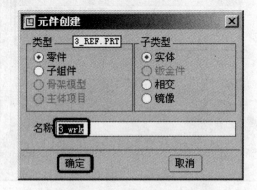

图 3-24   "元件创建"对话框

（3）单击"确定"按钮，在弹出的"创建方法"对话框中选择"创建特征"单选项，如

图 3-25 所示。

（4）单击"确定"按钮，开始创建毛坯的第一个特征，选择"实体"→"加材料"→"拉伸"→"实体"→"完成"命令，在特征创建工具栏上选择草绘图标 ，打开草绘功能。

（5）在弹出的"剖面"对话框中选取 MAIN_PARTING_PLN：F2 作为"顶"参考平面，选取 MOLD_FRONT 作为绘图平面，如图 3-26 所示。

图 3-25 "创建方法"对话框   图 3-26 "剖面"对话框

（6）单击"草绘"命令，在弹出的"参照"对话框中，单击"关闭"按钮，如图 3-27 所示。

图 3-27 "参照"对话框

（7）在工作区选择□ 按钮绘制如图 3-28 所示的截面。

提示：毛坯的尺寸（高、宽）一般是参考零件的 1.3 ~ 1.5 倍，并且草绘毛坯的中心一般和参考零件的中心重合。

（8）单击 按钮，完成草绘，选择标准方向，单击"选项"按钮，设置侧面均为"盲孔"，如图 3-29 所示。

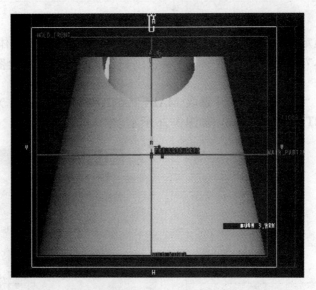

图 3-28　绘制截面

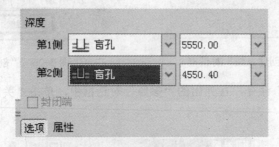

图 3-29　设置"盲孔"

（9）在工作区通过鼠标设置拉伸长度，单击 ✔ 按钮，完成毛坯设计，如图 3-30 所示。

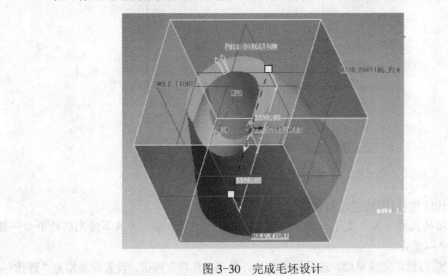

图 3-30　完成毛坯设计

（10）单击"完成/返回"按钮，在工作区显示毛坯，如图 3-31 所示。

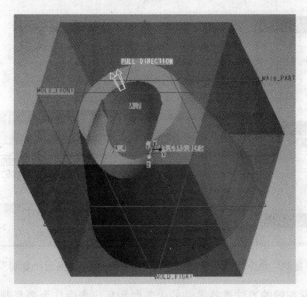

图 3-31　显示毛坯

3.3.4　设置收缩率

设置收缩率的步骤如下：

（1）在菜单管理器中选择"收缩"→"按尺寸"→"设置/复位"命令，选择"所有尺寸"后，会弹出参考零件的工作区，在下面的输入栏中输入 0.0005，如图 3-32 所示。

图 3-32　输入收缩率

（2）单击 ✔ 按钮，选择"完成"→"完成/返回"→"完成/返回"命令，回到模具菜单下，完成收缩的设置。

3.3.5　建立砂芯分模面

建立砂芯分模面的步骤如下：

（1）在菜单管理器中选择"分型面"→"创建"命令，在弹出的对话框中输入分模面名称 PART_SURF_3，如图 3-33 所示。

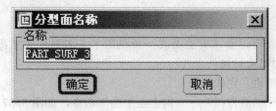

图 3-33　输入名称

（2）单击"确定"按钮，选择"增加"→"复制"→"完成"命令，如图 3-34 所示。

（3）这样将弹出"曲面：复制"对话框，要求先设置曲面的内容，如图 3-35 所示。

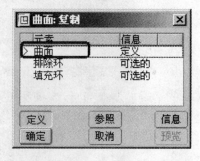

图 3-34　"复制"命令　　　　　　　　图 3-35　"曲面：复制"对话框

（4）用 **Ctrl+**鼠标左键的方法选择零件的内表面和杯口表面作为要复制的曲面，如图 3-36 所示。

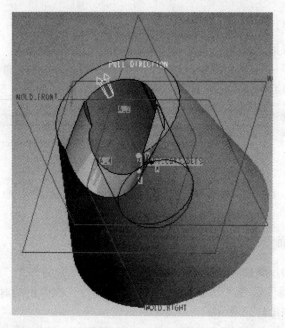

图 3-36　选取表面

技巧：用鼠标作点击时，如果有些面在一种视图下点不到或者容易点到别的面，可以打开视图管理器，6 个方向随便切换！

（5）单击"确定"按钮，完成拷贝。

（6）选择"延拓"→"沿方向"→"向上至平面"命令，如图 3-37 所示。

（7）选择"完成"命令，然后选择"边界链"命令，选取复制的曲面，然后选择"选取全部"命令，如图 3-38 所示。

（8）选择"完成"命令，设置延拓的终止面为毛坯的顶面，选择"确认延拓"命令，完成曲面拓延，显示拓延后的曲面，如图 3-39 所示。

图 3-37 "向上至平面"命令

图 3-38 "选取全部"命令

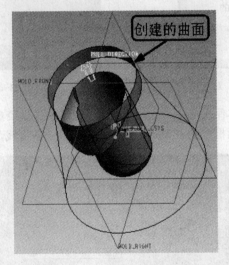

图 3-39 创建的砂芯分模面

技巧：查看分模面时，可以把参考零件、毛坯等元件遮蔽，利于对分模面进行操作。

3.3.6 建立分模面

建立分模面的步骤如下：

（1）选择"分模面"→"创建"命令，弹出的对话框中输入名称 PART_SURF_4，如图 3-40 所示。

图 3-40 "分模面名称"对话框

（2）单击"确定"按钮，选择"增加"→"拉伸"→"完成"命令，弹出"曲面：拉伸"对话框，如图 3-41 所示。

（3）设置属性为"单侧"，然后单击"完成"命令。选取毛坯的右表面为延伸表面，方向选择"正向"，设置草绘平面为毛坯的右表面，设置顶部为参考，弹出草绘的"参照"对话框，选择毛坯的顶部、底部和中线为参考，如图 3-42 所示。

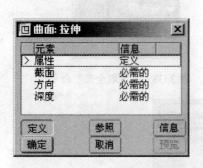

图 3-41　"曲面：拉伸"对话框

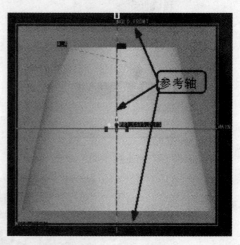

图 3-42　设置参考

技巧：草绘时，选择零件或毛坯的边作为参考轴，可以保证绘制的线和面准确定位。

（4）单击"参照"对话框上的"关闭"按钮，草绘出一条直线，如图 3-43 所示。

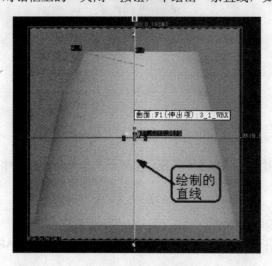

图 3-43　绘制的直线

（5）单击 ✔ 按钮，完成草绘，在弹出的菜单管理器中选择"至曲面"→"完成"命令，表示延伸到曲面，如图 3-44 所示。

（6）然后在工作区选择延伸到毛坯的后侧面，单击"确定"按钮，完成延伸面如图 3-45 所示，它就是创建的分模面。

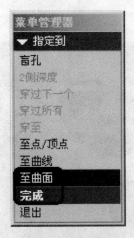

图 3-44 延伸设置

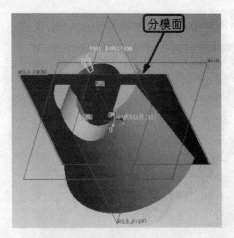

图 3-45 完成分模面

3.3.7 以砂芯分模面作出砂芯体积

以砂芯分模面作出砂芯体积的步骤如下：

（1）在菜单管理器中选择"模具体积块"→"分割"→"两个体积块"→"所有工件"→"完成"命令，表示切成两个体积块，这样弹出"分割"对话框，如图 3-46 所示。

（2）首先选择如图 3-47 所示的分模面作为砂芯分模面，然后单击"确定"按钮。

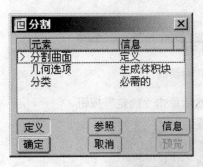

图 3-46 "分割"对话框

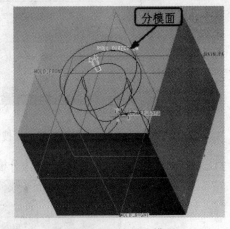

图 3-47 选择分模面

技巧：多个分模面时，如果有些分模面暂时不用，可以用鼠标右键点击它，然后把它遮蔽掉！

（3）单击"确定"按钮，弹出的对话框中输入砂芯体积的名称 Core，它在工作区的显示如图 3-48 所示，即为创建的砂芯。

（4）单击"确定"按钮，在弹出的对话框中输入其他体积的名称body，工作区显示如图 3-49 所示。

（5）单击"确定"按钮，完成分割，在模型树中显示新分割的元件。

3.3.8 以分模面作出前后两个型腔

以分模面作出前后两个型腔的步骤如下：

（1）在菜单管理器中选择"模具体积块"→"分割"→"两个体积块"→"模具体积块"→"完成"命令，表示把某个模具体积块切成两个体积块，这样弹出"搜索工具"对话框，选择被分割体 body，如图 3-50 所示。

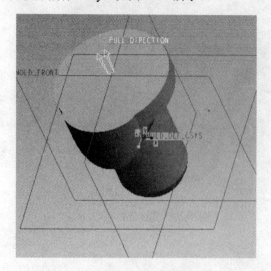

图 3-48 体积块 Core

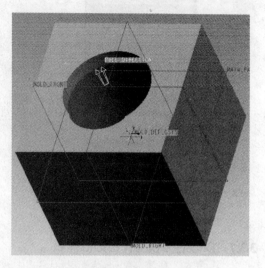

图 3-49 体积块 body

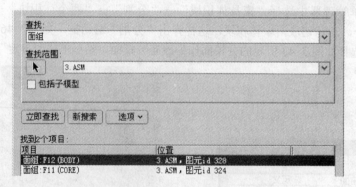

图 3-50 "搜索工具"对话框

（2）选择如图 3-51 所示的分模面作为分模面，然后单击"确定"按钮。

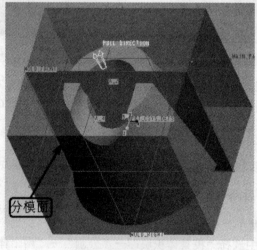

图 3-51 选择分模面

（3）在弹出的对话框中输入前型腔的名称 Front，工作区显示如图 3-52 所示。

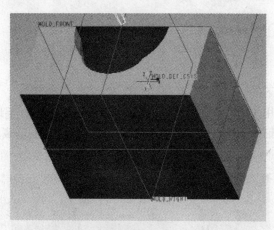

图 3-52 前型腔

（4）单击"确定"按钮，弹出的对话框中输入其他体积的名称 Back，工作区显示如图 3-53 所示。

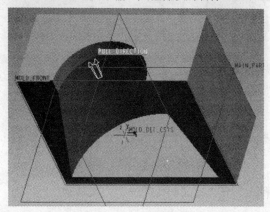

图 3-53 后型腔

（5）单击"确定"按钮，完成分割，在模型树中显示新分割的元件。

3.3.9 创建模具元件

创建模具元件的步骤如下：

（1）选择"模具元件"→"抽取"命令，弹出"创建模具元件"对话框，如图 3-54 所示。

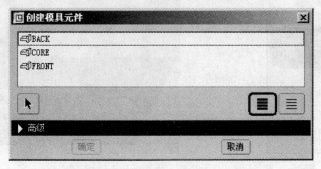

图 3-54 "创建模具元件"对话框

（2）选择 ▤ 按钮，表示全部选中，然后单击"确定"按钮，这样在模型树上就出现创建的三个型腔。

（3）在菜单管理器上选择"完成/返回"命令返回。

3.3.10　定义开模

定义开模的步骤如下：

（1）在模型树上利用 Ctrl+鼠标左键的方法选中参考件 3_REF、毛坯 3_WRK 及分模面的节点后单击鼠标右键，选择"遮蔽"命令，将参考件、毛坯和分模面隐藏，工作区显示如图 3-55 所示。

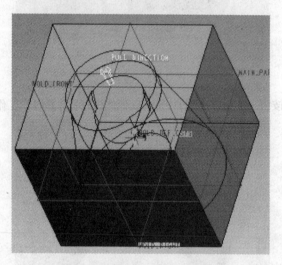

图 3-55　隐藏后的工作区显示

（2）单击"模具进料孔"→"定义间距"→"定义移动" 命令，开始打开模具的移动设置，如图 3-56 所示。

（3）选择部件 Core，然后选择移动的方向，具体通过选择表面完成，选择向上，如图 3-57 所示。

图 3-56　移动设置命令

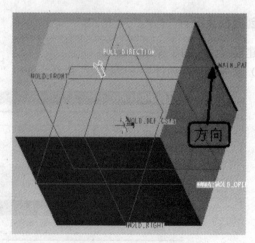

图 3-57　移动方向的选择

（4）输入移动的距离，然后单击  按钮，再单击"完成"命令，选择工作区显示开模如图 3-58 所示。

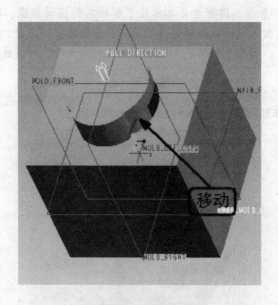

图 3-58 开模显示

（5）再选择"模具进料孔"→"定义间距"→"定义移动"命令，分别向前与向后移动部件 Front 与 Back，移动好后工作区显示开模如图 3-59 所示，它就是开模最终效果图。

（6）保存文件，然后选择"文件"→"拭除"→"当前"命令，弹出"拭除"对话框，如图 3-60 所示。

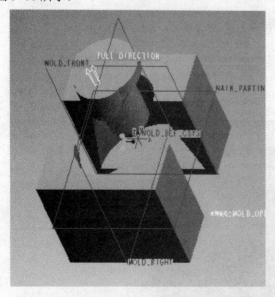

图 3-59 开模最终效果图

图 3-60 "拭除"对话框

（7）选择 按钮，表示选中全部，然后单击"确定"按钮，将所有的相关零件在内存中删除。

本 章 小 结

砂芯设计是本章的重点。读者学习本章应了解砂芯的设计步骤、砂芯分模面的创建、以砂芯分模面创建砂芯以及用分模面创建前后型腔。在分模面设计方面，介绍了复制、延拓与拉伸的方法来创建分模面。此外，本章还介绍了两个以上的元件的开模过程。

练 习 题

运用本章介绍的方法对如图 3-61 所示的零件进行模具设计。

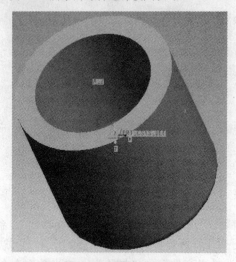

图 3-61　零件效果图

1．制作要求

（1）设计砂芯分模面，用复制、延拓的方法。

（2）设计平整面作为分模面。

（3）完成开模设计。

2．技术提示

（1）加入参考零件如图 3-62 所示。

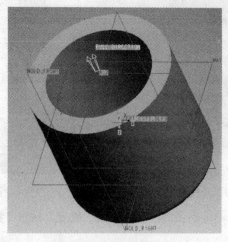

图 3-62　加入参考零件

（2）利用草绘创建毛坯，如图 3-63 所示。

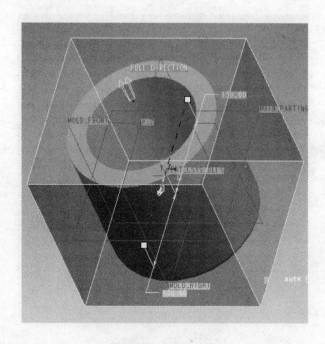

图 3-63　创建毛坯

（3）利用复制、延拓方法创建砂芯分模面，如图 3-64 所示。

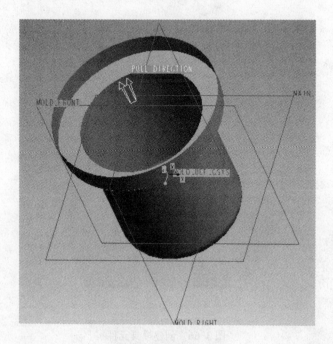

图 3-64　创建砂芯分模面

（4）利用草绘平整面的方法创建分模面，如图 3-65 所示。

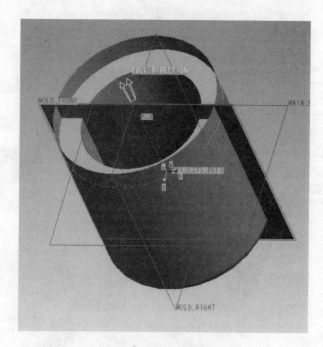

图 3-65　创建分模面

（5）创建模具元件、创建浇注件，如图 3-66 所示。

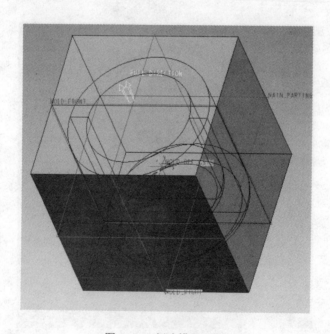

图 3-66　创建模具元件

（6）定义开模过程，开模显示如图 3-67 所示，即为最终效果。

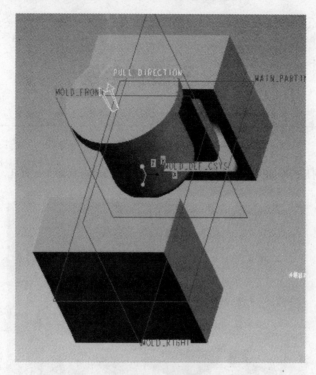

图 3-67　开模效果

4 孔设计范例

实 例 概 述

本章讲解的实例是一个如图 4-1 所示的零件，通过巧妙设计分模面来处理孔，完成模具设计。

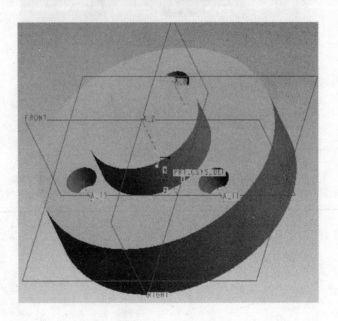

图 4-1 零件效果图

4.1 本章重点与难点

4.1.1 用复制、延拓创建分模面

模具设计中，有一类零件的外表面是一个规则的曲面，如本章的零件，在设计分模面的时候，可以利用参考零件的外表面来辅助设计分模面，具体步骤如下：

（1）复制零件的外表面。在复制零件外表面时，如果外表面有通孔、内凹孔时，可以通过本章介绍的填补孔的方法处理；

（2）延拓边界到曲面。在复制曲面的边上选定边界线，然后把它延拓到固定面上，使创建的曲面可以分模。

4.1.2 填补孔

选取表面时，如果表面有孔，若直接用复制或着色等方法创建分型面时，就会在分模面上出现"洞"，使分模面不连贯。处理方法就是选择复制曲面的"填充环"选项来把孔填补上，如图 4-2 所示，使曲面保持连贯性。在具体操作时，可以选择"预览"按钮来查看曲面。

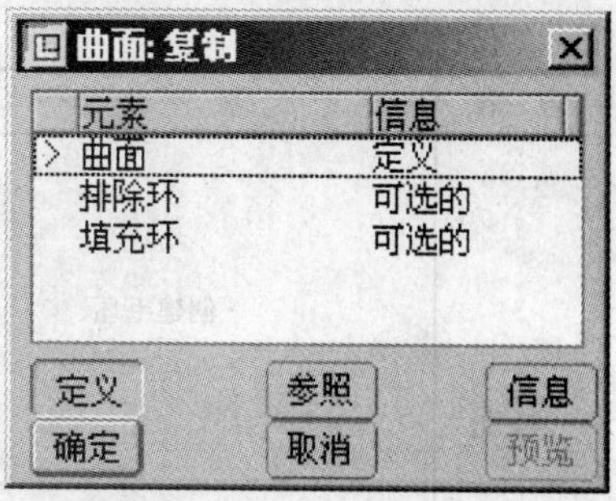

图 4-2 "填充环"选项

4.2 制作流程

开模最终效果图如图 4-3 所示，表 4-1 给出了创建的基本流程。

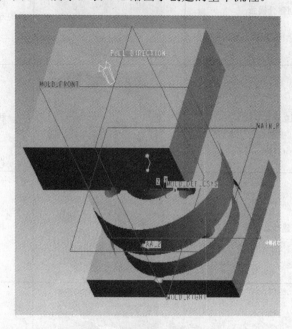

图 4-3 模具设计最终效果图

表 4-1 基本流程

步骤	操作内容	显示结果	操作方法及提示
1	建立模具文件	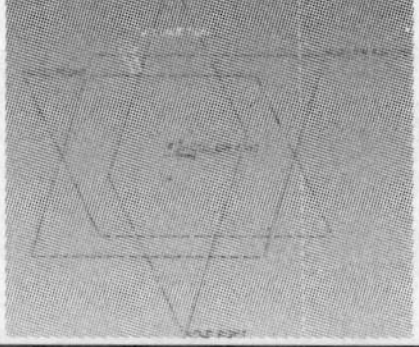	设置工作目录，创建新文件
2	建立模具模型	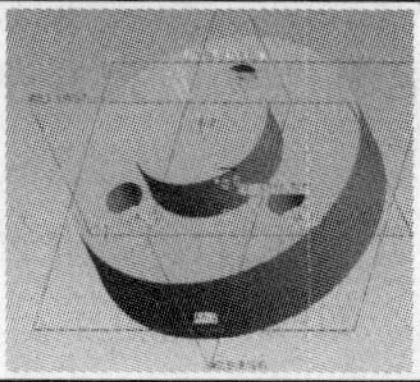	加入参考零件

步　骤	操 作 内 容	显 示 结 果	操作方法及提示
3	创建毛坯		利用草绘直接绘制毛坯
4	创建分模面		利用复制、延拓、拉伸、合并的方法创建分模面
5	建立浇注系统		利用旋转曲面创建浇注系统
6	创建砂芯体积		利用分模面分割
7	定义开模		先移动上模，再移动下模

4.3　实例制作

4.3.1　建立模具文件

建立模具文件的步骤如下：

（1）新建一个文件夹，命名为"4"，把零件"4.prt"拷贝进文件夹。

（2）进入 Pro/E 系统。

（3）选择"文件"→"设置工作目录"命令，在"选取工作目录"对话框中选择工作目录为"4"的文件夹所在的目录，如图 4-4 所示，单击"确定"按钮完成设置。

（4）选择"文件"→"新建"命令，在弹出的"新建"对话框中的"类型"选项组中选择"制造"单选按钮，在"子类型"选项组中选择"模具型腔"单选按钮，如图 4-5 所示，在名称栏中输入"4"，取消"使用缺省模板"复选框，单击"确定"按钮。

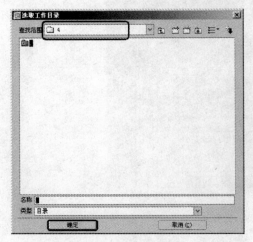

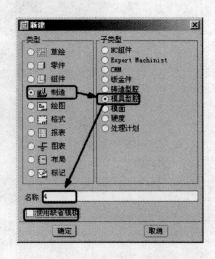

图 4-4　"选取工作目录"对话框　　　　　　图 4-5　"新建"对话框

（5）在弹出的"新文件选项"对话框中选择 mmns_mfg_mold，表示使用毫米制，单击"确定"按钮，如图 4-6 所示。

图 4-6　"新文件选项"对话框

（6）这样在工作区显示坐标系 MOLD_DEF_CSYS 及基准面 MOLD_FRONT、MOLD_RIGHT和 MAIN_PARTING_PLN，如图 4-7 所示。

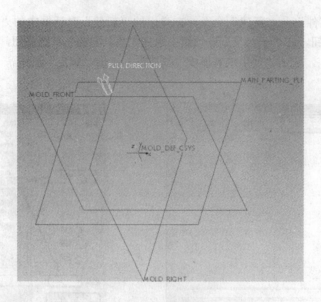

图 4-7 显示坐标系

4.3.2 建立模具模型

建立模具模型的步骤如下：

（1）在菜单管理器中选择"模具"→"模具模型"→"装配"→"参考模型"命令，在弹出的对话框中选择工件"4.prt"，作为参考零件，如图 4-8 所示。

图 4-8 打开参考零件

（2）单击"打开"按钮，在工作区显示零件，如图4-9所示。

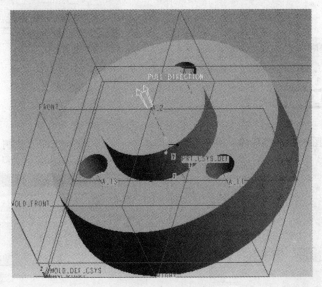

图4-9 显示零件

（3）在弹出的"元件放置"对话框中，将连接属性设为"缺省"，如图4-10所示。

（4）单击"确定"按钮，弹出的"创建参照模型"对话框中输入参考件的名称"4_REF"，如图4-11所示。

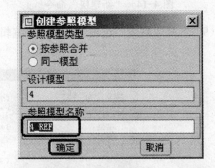

图4-10 "元件放置"对话框　　　　图4-11 "创建参照模型"对话框

（5）单击"确定"按钮，模型树上显示如图4-12所示，表示完成参考件的创建。

下面将新建图层，隐藏零件基准面。

（6）在导航器上单击"显示"按钮，会显示下拉菜单，选择"层树"选项，如图 4-13 所示。

（7）在层树中指定参考零件 4_REF.PRT，在导航器中选择"编辑"→"新建层"命令，如图4-14所示。

（8）弹出"层属性"对话框，在名称栏中输入图层名称 Datum，表示隐藏的是零件的基准平面，如图4-15所示。

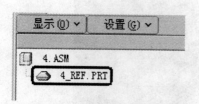

图 4-12 模型树

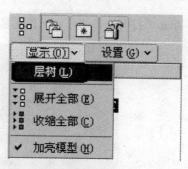

图 4-13 "层树"选项

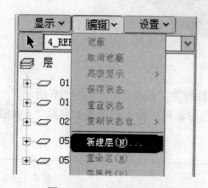

图 4-14 "新建层"命令

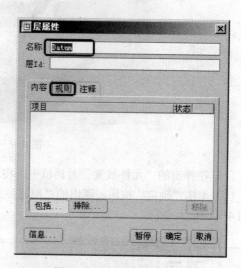

图 4-15 "层属性"对话框

（9）选择"规则"选项卡，单击"编辑规则"按钮，打开"搜索工具"对话框，如图 4-16 所示。

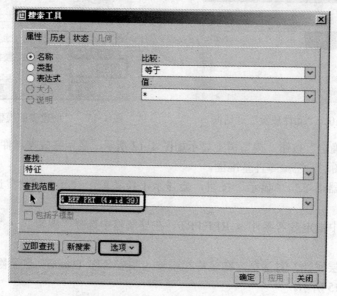

图 4-16 "搜索工具"对话框

注意：必须选择参考零件 4_REF.PRT，而不能选择 4.ASM，因为是创建基于参考零件的层。

（10）单击"选项"按钮，在下拉菜单中选择"建立查询"命令，在查找列表中选择"基准平面"选项，单击"新增"按钮，然后在查找列表中选择"特征"选项，单击"新增"按钮，在规则说明列表框中的"运算符"中设置基准平面和特征之间的关系是"or"，如图 4-17 所示。

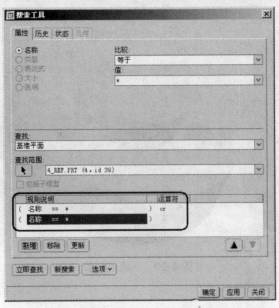

图 4-17 "搜索工具"对话框

（11）单击"立即查找"按钮，在下面的列表框中会显示当前查找到的基准面，单击"确定"按钮，然后在"层属性"对话框中的规则栏中显示规则，如图 4-18 所示。

（12）单击"确定"按钮，完成图层 Datum 的创建。

（13）在层树中选择 Datum 图层，单击右键，在弹出的快捷菜单中选择"遮蔽层"命令，如图 4-19 所示。

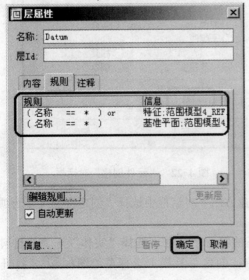

图 4-18 "层属性"对话框

图 4-19 "遮蔽层"命令

（14）选择"视图"→"重画"命令调整画面，三个参考零件的基准面及坐标系在画面中隐藏，如图4-20所示。

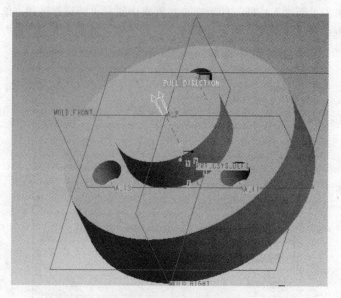

图4-20　隐藏坐标系

4.3.3　创建毛坯

创建毛坯的步骤如下：

（1）在菜单管理器中选择"创建工件"→"手动"命令，如图4-21所示。

（2）在弹出的"元件创建"对话框中的名称栏中输入名称"4_wrk"，如图 4-22所示。

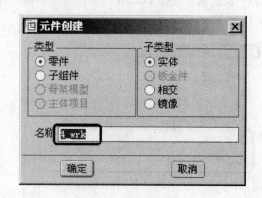

图4-21　"创建工件"命令　　　　　　图4-22　"元件创建"对话框

（3）单击"确定"按钮，在弹出的"创建方法"对话框中选择"创建特征"单选项，如图4-23所示。

（4）单击"确定"按钮，开始创建毛坯的第一个特征，选择"实体"→"加材料"→"拉伸"→"实体"→"完成"命令，在特征创建工具栏上选择草绘图标，打开草绘功能。

（5）在弹出的"剖面"对话框中选取 MAIN_PARTING_PLN：F2 作为"顶"参考平面，选取 MOLD_FRONT 作为绘图平面，如图 4-24 所示。

图 4-23　"创建方法"对话框　　　　　　图 4-24　"剖面"对话框

（6）单击"草绘"命令，在弹出的"参照"对话框中，单击"关闭"按钮，如图 4-25 所示。

图 4-25　"参照"对话框

（7）在工作区选择 □ 按钮绘制如图 4-26 所示的截面。

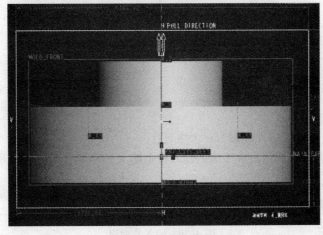

图 4-26　草绘截面

（8）单击 ✔ 按钮，完成草绘，选择标准方向，单击"选项"按钮，设置侧面均为"盲孔"，如图 4-27 所示。

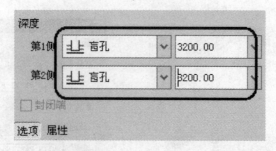

图 4-27 设置"盲孔"

提示：Pro/E 的"选项"按钮是一个非常重要的按钮，在任何操作中，只要选择"选项"按钮，就可以对操作的属性进行设置。

（9）设置拉伸长度，单击 ✔ 按钮，完成毛坯设计，单击"完成/返回"按钮，在工作区显示毛坯，如图 4-28 所示。

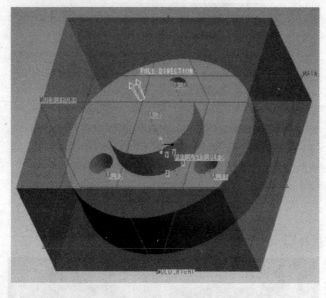

图 4-28 显示毛坯

4.3.4 设置收缩率

设置收缩率的步骤如下：

（1）菜单管理器中选择"收缩"→"按尺寸"→"设置/复位"命令，选择"所有尺寸"后，会弹出参考零件的工作区，在下面的输入栏中输入 0.0005，如图 4-29 所示。

● 收缩率将用于设置尺寸收缩。

◆ 为所有范围输入收缩率'S'（公式：1 + S）0.0005

图 4-29 输入收缩率

（2）单击 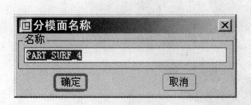 按钮，选择"完成"→"完成/返回"→"完成/返回"命令，回到模具菜单下，完成收缩的设置。

4.3.5 建立分模面

建立分模面的步骤如下：

（1）选择模型树下的"4_wrk"工件，然后单击鼠标右键，选择"遮蔽"命令，把毛坯隐藏，如图 4-30 所示。

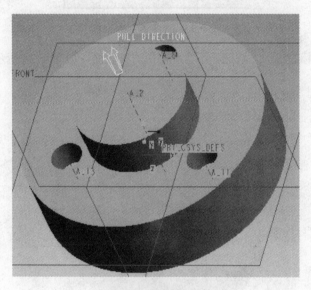

图 4-30　遮蔽毛坯

（2）在菜单管理器中选择"分型面"→"创建"命令，在弹出的对话框中输入分模面名称 PART_SURF_4，如图 4-31 所示。

（3）单击"确定"按钮，选择"拉伸"→"复制"→"完成"命令，如图 4-32 所示。

图 4-31　输入分模面名称　　　　　　　　　图 4-32　"复制"命令

（4）这样将弹出"复制"对话框，要求先设置曲面的内容，如图 4-33 所示。

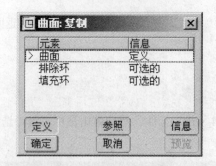

图 4-33　"复制"对话框

（5）用 Ctrl+鼠标左键的方法选择不含孔的所有外表面，如图 4-34 所示。

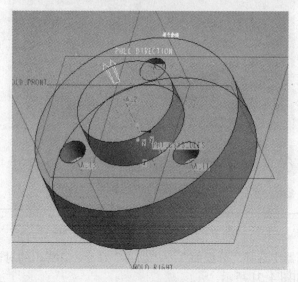

图 4-34　选择外表面

（6）选择"预览"按钮，显示如图 4-35 所示，表示要把空填补起来才能拆模。

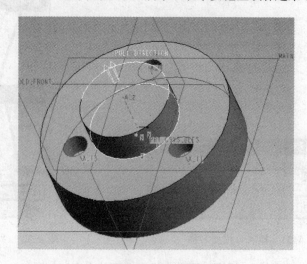

图 4-35　预览结果

技巧：在 Pro/E 中，"预览"是对操作效果进行检查的工具，如果预览不成功，则说明操作有问题，必须进行重新设置。

（7）选择"复制"对话框下的"填充环"选项，然后单击"定义"按钮，选择"所有"→"增加"命令，如图4-36所示。

（8）选择三个孔所在的面，如图4-37所示，然后单击"完成参考"→"完成/返回"命令，将三个孔补齐。

图 4-36　填充命令

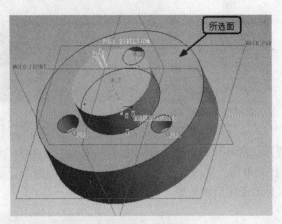

图 4-37　选择填补面

（9）单击"确定"按钮，然后选择菜单管理器下的"完成/返回"命令，选择着色按钮 ⬜ 后，显示如图4-38所示。

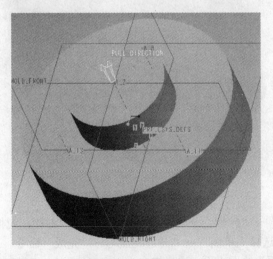

图 4-38　显示填充

提示：着色按钮是把正在处理的部分单独拿出来预览的工具，可以通过它检查设计的特征、元件。

（10）选择模型树下的"4_wrk"工件，单击鼠标右键，选择"取消遮蔽"命令，把毛坯显示出来，然后用同样的方法隐藏参考零件。

（11）下面将复制的平面延拓至毛坯。选择"延拓"→"沿方向"→"向上至平面"→"完成"命令，然后选择延拓的边，如图4-39所示。

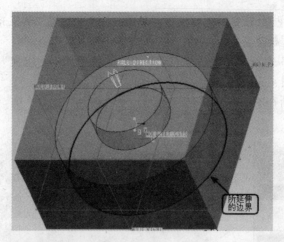

图 4-39　延伸的边界

提示：*所延伸的边界面可以直接用鼠标单击选择，也可以在模型树上直接选择曲面特征。*

（12）单击"完成"按钮，选择要延拓到的面为下表面，然后选择"确认延拓"命令。在工作区显示延拓后的效果，如图 4-40 所示。

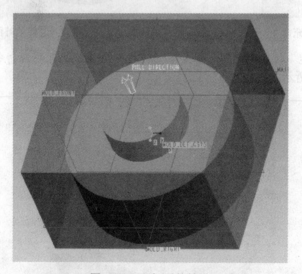

图 4-40　延拓后的效果

（13）选择"增加"→"拉伸"→"完成"命令，弹出"曲面：拉伸"对话框，如图 4-41 所示，开始定义属性，选择"单侧"→"开放终点"→"完成"命令。

（14）选择毛坯前面为绘图平面，选择方向为正向，选取 MAIN_PARTING_PLN 作为"顶"参考平面，这样弹出"参照"对话框，选择参考零件的底部、毛坯的左右侧作为参照，然后单击"关闭"按钮，如图 4-42 所示。

（15）在工作区绘制如图 4-43 所示的截面。

技巧：*绘制的拉伸线因为在毛坯上，而且要在参考零件的下面，所以必须用毛坯左侧、毛坯右侧、毛坯底面线（防止拉伸线不在毛坯上）三个参考线把它固定住。*

（16）单击 ✔ 按钮，完成草绘，选择标准方向，设置拉伸至曲面，如图 4-44 所示。

（17）选择"完成"命令，选择毛坯的后面为拉伸所到面，然后单击"拉伸"对话框的"确定"按钮,工作区显示拉伸完成,如图4-45所示。

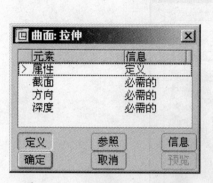

图4-41 "曲面:拉伸"对话框

图4-42 "参照"对话框

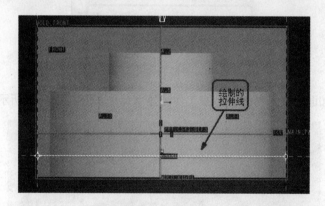

图4-43 绘制截面

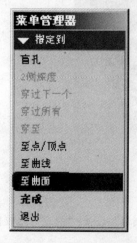

图4-44 设置拉伸至曲面

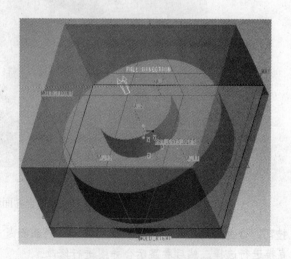

图4-45 拉伸生成的曲面

(18)下面将创建的两个面合并,以生成分模面。选择"合并"命令,弹出"曲面合并"对话框,把拉伸的平面作为附加面,如图4-46所示。

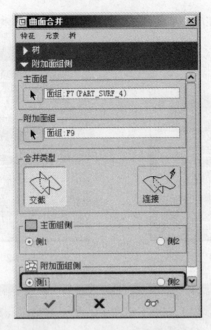

图 4-46　"曲面合并"对话框

（19）选择附加面组侧为"侧 2"，在工作区显示合并面组如图 4-47 所示。

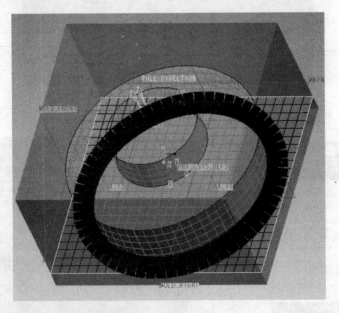

图 4-47　显示合并面组

技巧：合并曲面时，如果分析使用要合并的曲面是选择"侧 1"还是"侧 2"比较困难，可以直接进行选择，然后看显示合并图进行修改。

（20）单击 ✔ 按钮，完成合并，隐藏毛坯与参考零件，可看出完成的分模设计，如图 4-48 所示。

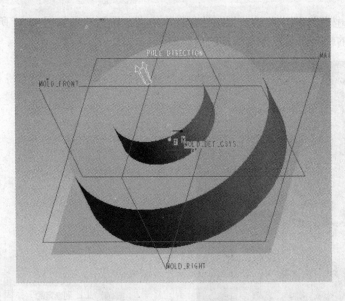

图 4-48　设计的分模面

4.3.6　建立浇注系统

建立浇注系统的步骤如下：

（1）在菜单管理器中选择"特征"→"型腔组件"命令，这样浇注系统就建立在模具装配件上，毛坯和参考件均可以选取。选择"实体"→"切减材料"→"拉伸"→"实体"→"完成"命令，在弹出的特征创建工具栏上选择草绘图标 ✐ ，打开草绘功能。

（2）在弹出的"剖面"对话框中选取"MOLD_RIGHT：F1（基准…"参考平面，选取毛坯前表面作为绘图平面，如图 4-49 所示。

（3）单击"草绘"命令，弹出"参照"对话框，选择参考零件的下表面、毛坯中轴为参照线，单击"关闭"按钮，如图 4-50 所示。

图 4-49　"剖面"对话框

图 4-50　"参照"对话框

（4）在工作区绘制截面如图 4-51 所示。

（5）单击 ✔ 按钮，完成草绘，视图选择标准方向，设置选项如图 4-52 所示，表示拉伸到固定平面，其中的拉伸面选择参考零件的前侧曲面。

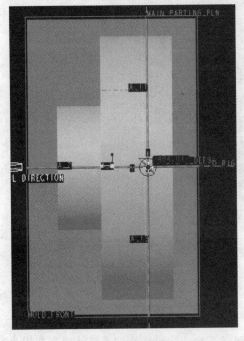

图 4-51 绘制截面

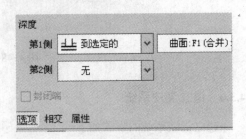

图 4-52 设置拉伸

（6）单击 ✔ 按钮，完成浇注系统设计，单击"完成/返回"按钮，在工作区的显示如图 4-53 所示。

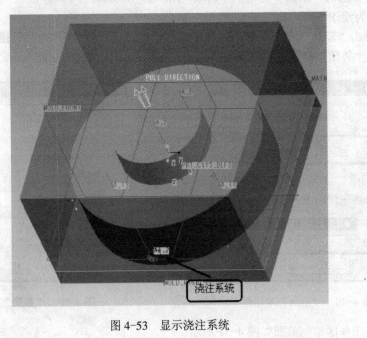

图 4-53 显示浇注系统

4.3.7 以分模面拆模

以分模面拆模的步骤如下：

（1）在菜单管理器中选择"模具体积块"→"分割"→"两个体积块"→"所有工件"→"完成"命令，表示切成两个体积块，这样弹出"分割"对话框，如图 4-54 所示。

（2）选择步骤 4.3.5 所建立的分模面作为分模面，然后单击"确定"按钮，根据提示在对话框中输入名称 body1，工作区显示如图 4-55 所示。

图 4-54　"分割"对话框

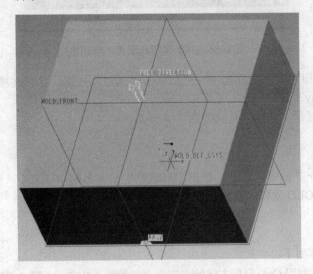

图 4-55　body1 显示

（3）单击"确定"按钮，根据提示在对话框中输入名称 body2，工作区显示如图 4-56 所示。

（4）单击"确定"按钮，模型树中显示如图 4-57 所示，表示建立成功。

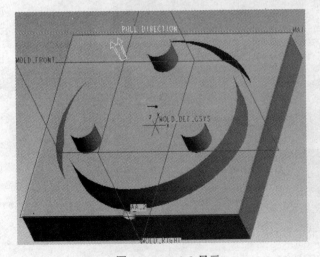

图 4-56　body2 显示

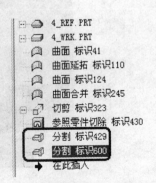

图 4-57　模型树显示分割件

4.3.8　创建模具元件

创建模具元件的步骤如下：

（1）选择"模具元件"→"抽取"命令，弹出"创建模具元件"对话框，如图 4-58 所示。

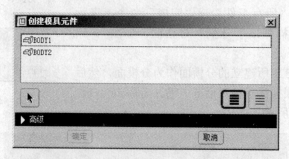

图 4-58　"创建模具元件"对话框

（2）选择 ▤ 按钮，表示全部选中，然后单击"确定"按钮，这样在模型树上就出现创建的型腔 body1 与 body2。

（3）在菜单管理器上选择"完成/返回"命令返回。

4.3.9　生成浇注件

选择"铸模"→"创建"命令，在提示对话框中输入名称 4MOLD，然后单击 ✔ 按钮，在模型树上显示 4MOLD 元件，完成浇注件的创建。

4.3.10　定义开模

定义开模的步骤如下：

（1）在模型树上利用 Ctrl+鼠标左键的方法选中参考件 4_REF、毛坯 4_WRK 及分模面的节点后单击鼠标右键，选择遮蔽命令，将参考件、毛坯和分模面隐藏，工作区显示如图 4-59 所示。

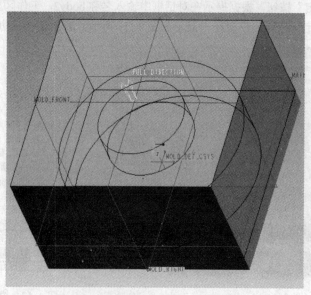

图 4-59　隐藏后的工作区显示

（2）单击"模具进料孔"→"定义间距"→"定义移动"命令，开始打开模具的移动设置，如图 4-60 所示。

（3）选择部件 body1，然后要求选择移动的方向，选择向上，如图 4-61 所示。

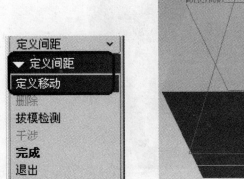

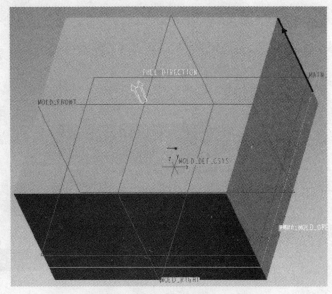

图 4-60 "定义移动"命令　　　　　　　图 4-61 body1 移动方向的选择

（4）输入移动的距离，然后单击 按钮，再单击"完成"命令，选择工作区显示开模，如图 4-62 所示。

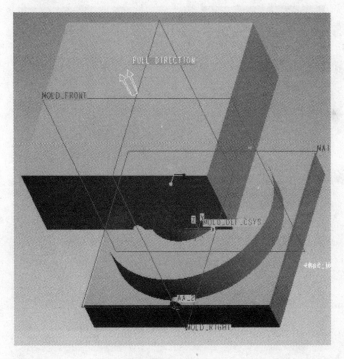

图 4-62 开模显示

（5）选择部件 body2，然后选择移动的方向，选择向上，如图 4-63 所示。

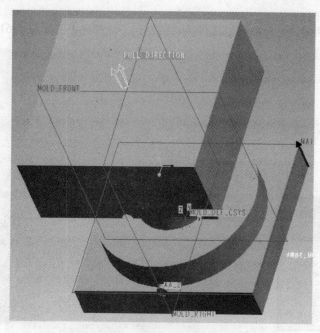

图 4-63 body2 移动方向的选择

（6）输入负值的移动距离表示向下，然后单击 ✔ 按钮，再单击"完成"命令，选择工作区显示开模，如图 4-64 所示。

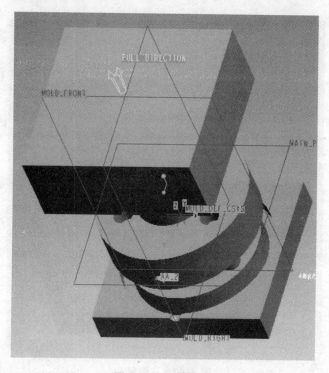

图 4-64 开模显示

（7）保存文件，然后选择"文件"→"拭除"→"当前"命令，弹出"拭除"对话框，如图 4-65 所示。

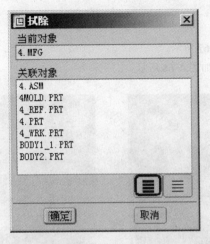

图 4-65 "拭除"对话框

（8）选择 ▤ 按钮，表示选中全部，然后单击"确定"按钮，将所有的相关零件在内存中删除。

本 章 小 结

孔设计是本章的重点。读者学习本章应了解孔设计的步骤，以及通过补孔的方法来完成孔的模具设计。在分模面设计方面，本章介绍了复制、延拓、拉伸的方法来创建分模面，并介绍了分模面的合并。

练 习 题

运用本章介绍的方法对如图 4-66 所示的零件进行模具设计。

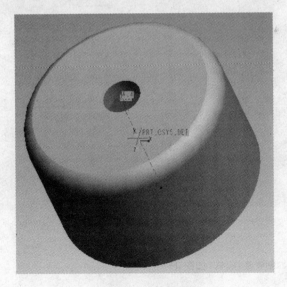

图 4-66 零件效果图

1．制作要求

（1）用复制、延拓的方法设计分模面。

（2）完成开模设计。

2．技术提示

（1）加入参考零件如图 4-67 所示。

（2）利用草绘创建毛坯，如图 4-68 所示。

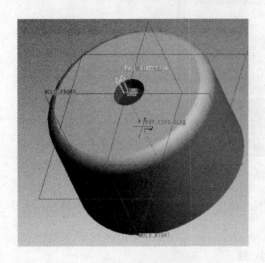

图 4-67　加入参考零件　　　　　　　　　　图 4-68　创建毛坯

（3）利用复制、延拓方法创建分模面，如图 4-69 所示。

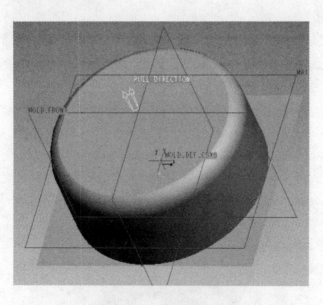

图 4-69　创建分模面

（4）创建模具元件、创建浇注件，如图 4-70 所示。

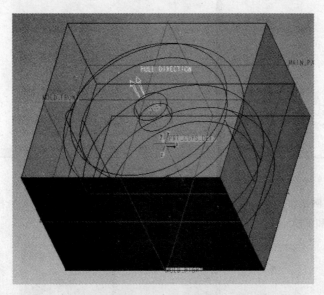

图 4-70　创建模具元件

（5）定义开模过程，开模显示如图 4-71 所示，即为最终效果。

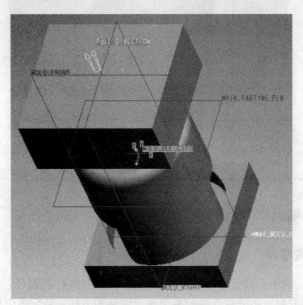

图 4-71　开模效果

5 一模多穴设计范例

实 例 概 述

本章讲解的实例是如何在一个模内实现两个如图 5-1 所示的零件，即实现一模多穴设计，完成浇注系统、上模元件和下模元件的设计。

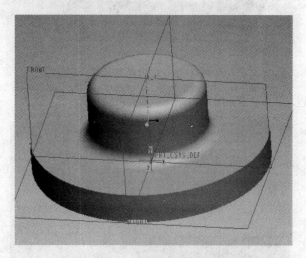

图 5-1 零件效果图

5.1 本章重点与难点

5.1.1 装配多个参考零件

在模具设计中，对于一些尺寸小而且精度要求不高的零件的设计，可以采用一模多穴的方法。在设计一模多穴时，必须采取装配多个参考零件的方法。装配多个参考零件的步骤如下：

（1）装配第一个参考零件。按照前面章节介绍的方法装配第一个参考零件；

（2）创建毛坯。创建毛坯时一定要考虑其他零件的位置，使毛坯可以刚好装配所有的参考零件；

（3）装配其他参考零件。利用要装配的参考零件与最先装配的参考零件以及基准面的空间关系来定位参考零件，保持所有的参考零件在同一水平线上。

5.1.2 基准面的建立

可以通过建立基准面的方法来准确定位，方便设计。Pro/E 提供了一个专门的创建"基准平面"的对话框，如图 5-2 所示，通过与其他基准面的位置关系以及与其他元件上的点、线、面的几何关系，可以按照设计需要创建基准平面。

图 5-2 "基准平面"对话框

5.2 制作流程

模具设计最终效果图如图 5-3 所示，表 5-1 给出了创建的基本流程。

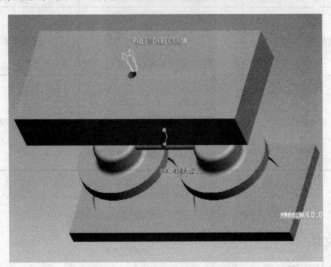

图 5-3 模具设计最终效果图

表 5-1 基本流程

步 骤	操 作 内 容	显 示 结 果	操作方法及提示
1	建立模具文件		设置工作目录，创建新文件

步　骤	操 作 内 容	显 示 结 果	操作方法及提示
2	建立模具模型		加入参考零件
3	创建毛坯		利用草绘直接绘制毛坯
4	加入第二个 参考零件		先定位，后加入
5	建立分模面		利用着色方法 创建分模面
6	建立浇注系统		利用拉伸等方法创建浇注系统
7	定义开模		先移动上模，再移动浇注件

5.3　实例制作

5.3.1　建立模具文件

建立模具文件的步骤如下：

（1）新建一个文件夹，命名为"5"，把零件"5.prt"拷贝进文件夹，此零件即为处理零件。

（2）进入 Pro/E 系统。

（3）选择"文件"→"设置工作目录"命令，在"选取工作目录"对话框中选择工作目录为"5"文件夹所在的目录，如图 5-4 所示，单击 "确定"按钮完成设置。

（4）选择"文件"→"新建"命令，在弹出的"新建"对话框的"类型"选项组中选择"制造"单选按钮，如图 5-5 所示，在"子类型"选项组中选择"模具型腔"单选按钮，在名称栏下输入"5"，取消"使用缺省模板"复选框，单击"确定"按钮。

（5）在弹出的"新文件选项"对话框中选择 mmns_mfg_mold，表示使用毫米制，单击"确定"按钮，如图 5-6 所示。

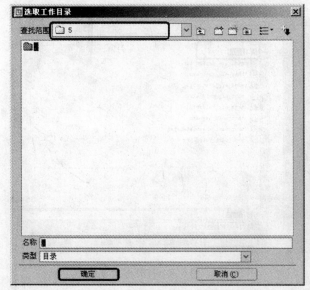

图 5-4 "选取工作目录"对话框

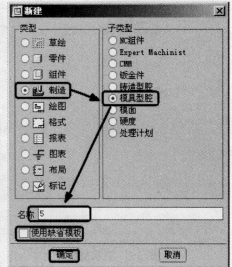

图 5-5 "新建"对话框

图 5-6 "新文件选项"对话框

（6）这样在工作区显示坐标系 MOLD_DEF_CSYS 及基准面 MOLD_FRONT、MOLD_RIGHT 和 MAIN_PARTING_PLN，如图 5-7 所示。

5.3.2 建立模具模型

建立模具模型的步骤如下：

（1）在菜单管理器中选择"模具"→"模具模型"→"装配"→"参考模型"命令，在弹出的对话框中选择工件"5.prt"作为参考零件，如图 5-8 所示。

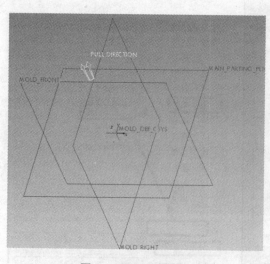

图 5-7　显示坐标系

图 5-8　打开参考零件

（2）单击"打开"按钮，在工作区显示零件如图 5-9 所示。

（3）在弹出的"元件放置"对话框中，将连接属性设为"缺省"，如图 5-10 所示。

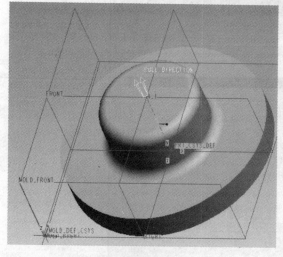

图 5-9　显示零件

图 5-10　"元件放置"对话框

（4）单击"确定"按钮，在弹出的"创建参照模型"对话框中输入参考件的名称"5_REF"，如图 5-11 所示。

（5）单击"确定"按钮，在模型树上的显示如图 5-12 所示，表示完成参考件的创建。
下面将新建图层，隐藏零件基准面。

（6）在导航器上单击"显示"按钮，会显示下拉菜单，选择"层树"选项，如图 5-13 所示。

（7）在层树中指定参考零件 5_REF.prt，在导航器中选择"编辑"→"新建层"命令，如图 5-14 所示。

（8）弹出"层属性"对话框，在名称栏中输入图层名称 Datum，表示隐藏的是零件的基准平面，如图 5-15 所示。

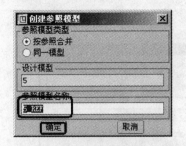

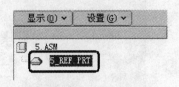

图 5-11 "创建参照模型"对话框   图 5-12 模型树

图 5-13 "层树"选项   图 5-14 "新建层"命令

（9）选择"规则"选项卡，单击"编辑规则"按钮，打开"搜索工具"对话框，如图 5-16 所示。

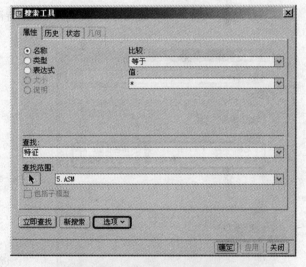

图 5-15 "层属性"对话框   图 5-16 "搜索工具"对话框

（10）单击"选项"按钮，在下拉菜单中选择"建立查询"命令，在查找列表中选择"基准平面"选项，单击"新增"按钮，然后在查找列表中选择"特征"选项，单击"新增"按钮，在规则说明列表框中的"运算符"中设置基准平面和特征之间的关系是"or"，如图 5-17 所示。

（11）单击"立即查找"按钮，在下面的列表框中会显示当前查找到的基准面，单击"确定"按钮，然后在"层属性"对话框的规则栏中显示规则，如图 5-18 所示。

（12）单击"确定"按钮，完成图层 Datum 的创建。

（13）在层树中选择 Datum 图层，单击右键，在弹出的快捷菜单中选择"遮蔽层"命令，如图 5-19 所示。

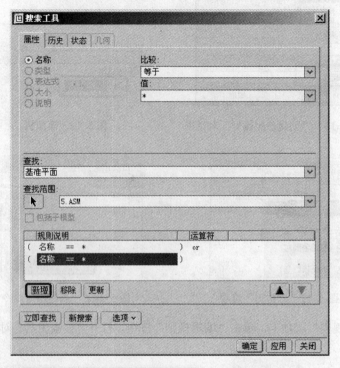

图 5-17　设置基准平面和特征之间的关系

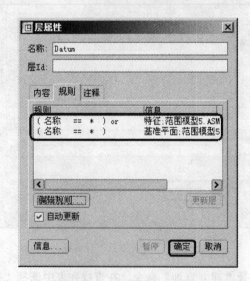

图 5-18　"层属性"对话框

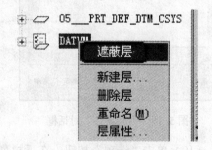

图 5-19　"遮蔽层"命令

　　(14) 选择"视图"→"重画"命令调整画面，三个参考零件的基准面及坐标系在画面中隐藏，如图 5-20 所示。

5.3.3　创建毛坯

　　创建毛坯的步骤如下：

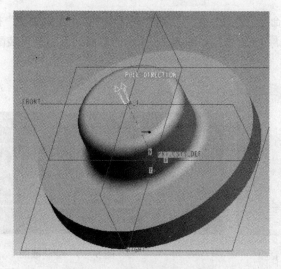

图 5-20 隐藏基准面及坐标系

（1）在菜单管理器中选择"创建工件"→"手动"命令，如图 5-21 所示。

（2）在弹出的"元件创建"对话框中的名称栏中输入名称"5_wrk"，如图 5-22 所示。

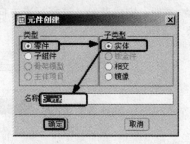

图 5-21 "创建工件"命令   图 5-22 "元件创建"对话框

（3）单击"确定"按钮，在弹出的"创建方法"对话框中选择"创建特征"单选项，如图 5-23 所示。

（4）单击"确定"按钮，开始创建毛坯的第一个特征，选择"实体"→"加材料"→"拉伸"→"实体"→"完成"命令，在特征创建工具栏上选择草绘图标 ⬚，打开草绘功能。

（5）在弹出的"剖面"对话框中选取 MAIN_PARTING_PLN:F2 作为"顶"参考平面，选取 MOLD_FRONT 作为绘图平面，如图 5-24 所示。

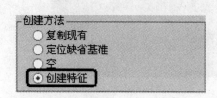

图 5-23 "创建方法"对话框   图 5-24 "剖面"对话框

（6）单击"草绘"命令，在弹出的"参照"对话框中，单击"关闭"按钮，如图 5-25 所示。

（7）在工作区选择 ▢ 按钮绘制如图 5-26 所示的截面，因为要再装配一个零件，所以毛坯大小的选择要合适。

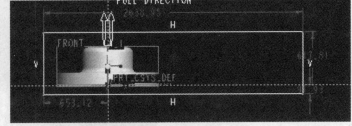

图 5-25　"参照"对话框　　　　　　　　　　　图 5-26　绘制截面

注意：因为本例是装配两个参考零件，所以创建毛坯的体积一般是单个零件的 2.8～3.3 倍，以利于设计浇注系统。

（8）单击 ✔ 按钮，完成草绘，选择标准方向，单击"选项"按钮，设置侧面均为"盲孔"，如图 5-27 所示。

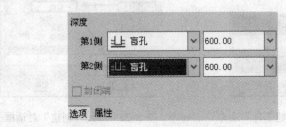

图 5-27　设置"盲孔"

（9）设置拉伸长度，单击 ✔ 按钮，完成毛坯设计，单击"完成/返回"按钮，在工作区显示毛坯，如图 5-28 所示。

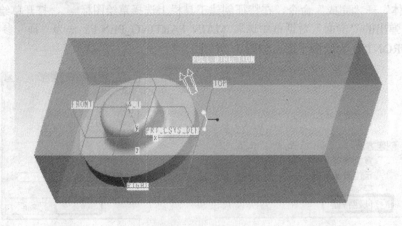

图 5-28　显示毛坯

（10）在菜单管理器中选择"装配"→"参考模型"命令，选择"5.prt"，如图 5-29 所示，选择"打开"按钮。

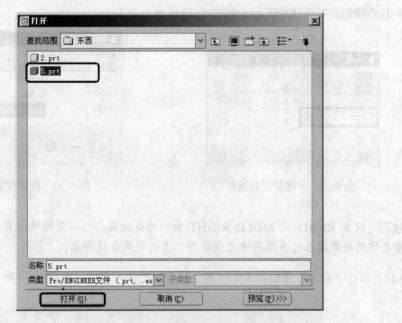

图 5-29 选择参考件

（11）在弹出的"连接"对话框中，选择连接类型为"对齐"，如图 5-30 所示。

技巧：如果根据已有的坐标或实体零件来作为参照，可以选择"对齐"方式，只需再输入跟原有坐标或实体零件的距离即可。

（12）选择外加零件的 TOP 面作为元件参照，选择原零件的 MAIN_PARTING_PLN 作为组件参照，如图 5-31 所示。

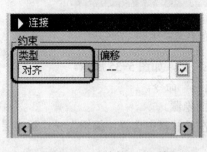

图 5-30 "连接"对话框

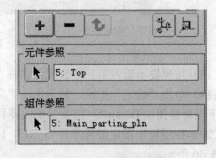

图 5-31 选择参照

（13）在下方的距离提示框中输入值"0"，然后单击 ☑ 按钮。

提示：距离可输入正值，也可输入负值，输入负值表示反方向。

（14）在"连接"对话框中，再次设置连接类型为"对齐"，如图 5-32 所示。

（15）选择外加零件的 FRONT 面作为元件参照，选择原零件的 MOLD_FRONT 作为组件参照，在下方的距离提示框中输入值"0"，然后单击 ☑ 按钮。

（16）在放置对话框中，再次设置连接类型为"对齐"，选择外加零件的 RIGHT 面作为元件参照，选择原零件的 MOLD_RIGHT 作为组件参照，在下方的距离提示框中输入值"1200"，然后单击 ☑ 按钮，在连接中的显示如图 5-33 所示。

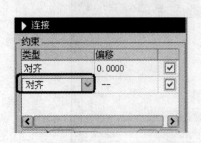

图 5-32 "连接"对话框

图 5-33 连接设置完毕

技巧：设置 RIGHT 面 MOLD_RIGHT 面的对齐距离，可以先随便设置一个大概值，然后再边看工作图效果边在对齐偏移中更改数据，直到距离合适为止。

（17）单击"确定"按钮，工作区显示装配好的参考零件，如图 5-34 所示。

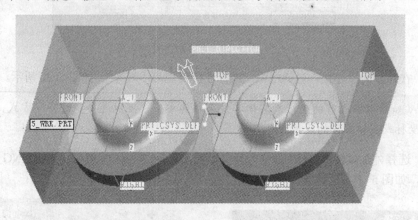

图 5-34 装配好的参考零件

（18）按照提示输入第二个装配件名称"5_REF_1"，如图 5-35 所示。

（19）单击"确定"按钮，然后单击"完成/返回"命令。

下面新建图层 Datum2，把新装配的零件基准面隐藏。

（20）在层树中指定参考零件 5_REF_1.prt，在导航器中选择"编辑"→"新建层"命令，如图 5-36 所示。

（21）弹出"层属性"对话框，在名称栏中输入图层名称 Datum2，表示隐藏的是零件的基准平面，如图 5-37 所示。

（22）选择"规则"选项卡，单击"编辑规则"按钮，打开"搜索工具"对话框，如图 5-38 所示。

（23）单击"选项"按钮，在下拉菜单中选择"建立查询"命令，在查找列表中选择"基准平面"选项，单击"新增"按钮，然后在查找列表中选择"特征"选项，单击"新增"按钮，在规则说明列表框中的"运算符"中设置基准平面和特征之间的关系是"or"，如图 5-39 所示。

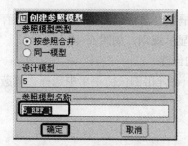

图 5-35 输入装配件名称

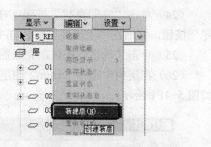

图 5-36 "新建层"命令

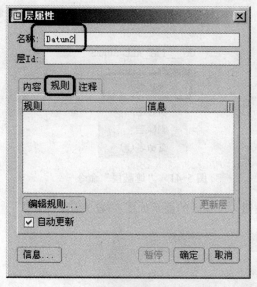

图 5-37 "层属性"对话框

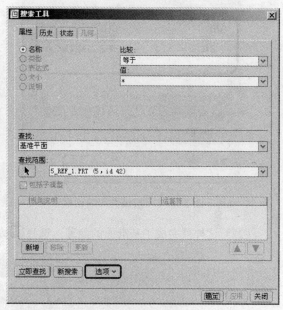

图 5-38 "搜索工具"对话框

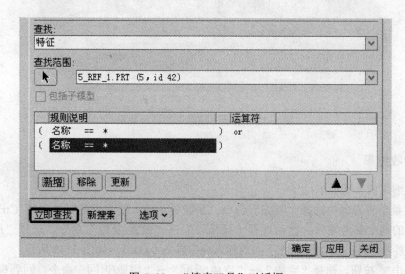

图 5-39 "搜索工具"对话框

（24）单击"立即查找"按钮，在下面的列表框中会显示当前查找到的基准面，单击"确定"按钮，然后在"层属性"对话框中的规则栏中显示规则，如图 5-40 所示。

（25）单击"确定"按钮，完成图层 Datum2 的创建。

（26）在层树中选择 Datum2 图层，单击右键，在弹出的快捷菜单中选择"遮蔽层"命令，如图 5-41 所示。

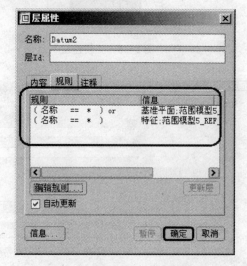

图 5-40　"层属性"对话框

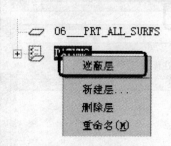

图 5-41　"遮蔽层"命令

（27）这样就完成了基准面的隐藏，选择✓按钮，工作区的显示如图 5-42 所示。

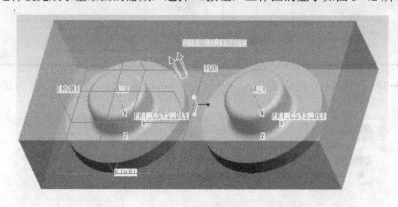

图 5-42　基准面隐藏后的显示效果

5.3.4　设置收缩率

设置收缩率的步骤如下：

（1）在菜单管理器中选择"收缩"命令，系统提示输入要收缩的零件，用 Ctrl+鼠标的方法选中建立的两个参考零件，然后选择"按尺寸"→"设置/复位"命令，选择"所有尺寸"后，会弹出参考零件的工作区，在下面的输入栏中输入 0.0005，如图 5-43 所示。

（2）单击✓按钮，选择"完成"→"完成/返回"→"完成/返回"命令，回到模具菜单下，完成收缩的设置。

● 收缩率将用于设置尺寸收缩。

◈ 为所有范围输入收缩率'S'（公式：1 + S）│ 0.0005

图 5-43 输入收缩率

5.3.5 建立分模面

建立分模面的步骤如下：

（1）在菜单管理器中选择"分模面"→"创建"命令，在弹出的对话框中输入分模面名称 PART_SURF_5，如图 5-44 所示。

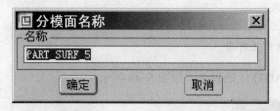

图 5-44 "分模面名称"对话框

（2）单击"确定"按钮，选择"拉伸"→"着色"→"完成"命令，如图 5-45 所示。

（3）这样将弹出"阴影曲面"对话框，用 Ctrl+鼠标左键选定两个参考零件，选择 MAIN_PARTING_PLN 为投影面，其他设置系统会自动完成，如图 5-46 所示。

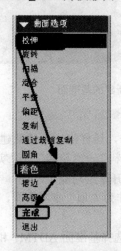

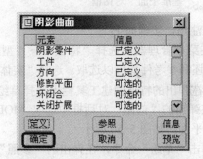

图 5-45 "着色"命令   图 5-46 "阴影曲面"对话框

（4）单击"确定"按钮，然后选择菜单管理器下的"完成/返回"命令，遮蔽掉毛坯后，工作区显示如图 5-47 所示。

5.3.6 建立浇注系统

先建立基准面，步骤如下：

（1）单击 ▱ 按钮，弹出"基准平面"对话框，选取 MOLD_RIGHT 为参照，如图 5-48 所示。

（2）输入平移值"500"，然后单击"确定"按钮。

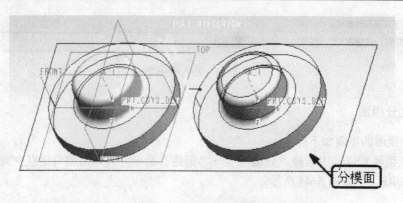

图 5-47   显示分模面

提示：基准平移值可正可负。

（3）完成基准面 ADTM1 的设计，如图 5-49 所示。

图 5-48   "基准平面"对话框

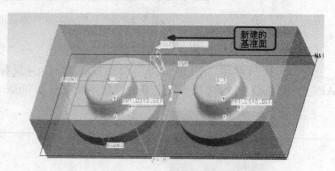

图 5-49   新建的基准面

再建立注道，步骤如下：

（1）在菜单管理器中选择"特征"→"型腔组件"命令，这样浇注系统就建立在模具装配件上，毛坯和参考件均可以选取。选择"实体"→"切减材料"→"旋转"→"实体"→"完成"命令，在弹出的特征创建工具栏上选择草绘图标☑，打开草绘功能。

（2）在弹出的"剖面"对话框中选取 MOLD_FRONT 作为"顶"参考平面，选取毛坯顶部作为绘图平面，如图 5-50 所示。

（3）单击"草绘"命令，在弹出的"参照"对话框中，选择基准面 ADTM1 和 FRONT 作为参考，单击"关闭"按钮，如图 5-51 所示。

（4）在工作区绘制截面如图 5-52 所示。

（5）单击✔按钮，完成草绘，选择☑按钮，表示切除材料向内，输入拉伸距离"100"，单击✔按钮完成注道构建，单击"完成/返回"按钮，工作区的显示如图 5-53 所示。

再以注道底建立基准平面，步骤如下：

（6）单击▱按钮，弹出"基准平面"对话框，选取 MAIN_PARTING_PLN 为参照，如图5-54 所示。

（7）输入平移值"347"，使其移到注道底面，然后单击"确定"按钮，完成基准面"ADTM2"的设计，如图 5-55 所示。

图 5-50 "剖面"对话框　　　　　　　　　　图 5-51 "参照"对话框

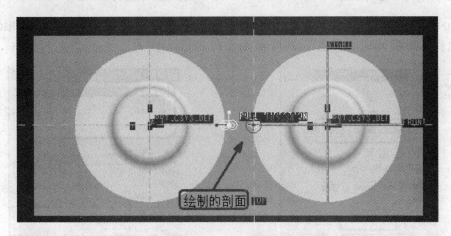

图 5-52 绘制截面

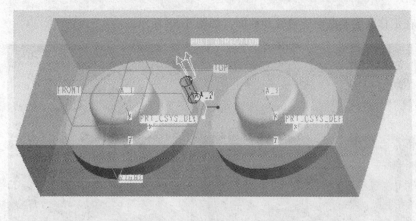

图 5-53 设置注道后的工作区显示

（8）在菜单管理器中选择"特征"→"型腔组件"命令，这样浇注系统就建立在模具装配件上，毛坯和参考件均可以选取。选择"实体"→"切减材料"→"旋转"→"实体"→"完成"命令，在弹出的特征创建工具栏上选择草绘图标，打开草绘功能。

（9）在弹出的"剖面"对话框中选取 MOLD_RIGHT 作为参考平面，选取 ADTM2 作为绘图平面，如图 5-56 所示。

图 5-54　"基准平面"对话框

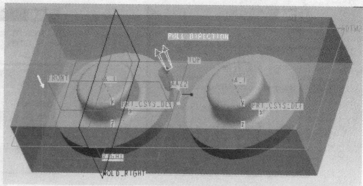

图 5-55　新建的基准面

（10）单击"草绘"命令，在弹出的"参照"对话框中，选择基准面 ADTM1、RIGHT 和 FRONT 作为参考，单击"关闭"按钮，如图 5-57 所示。

图 5-56　"剖面"对话框

图 5-57　"参照"对话框

（11）在工作区绘制截面旋转轴和截面，如图 5-58 所示。

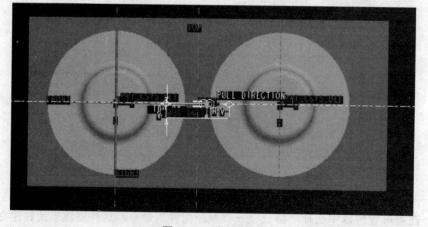

图 5-58　绘制截面

技巧：旋转曲面的界面，其被旋转部分的长度，要和拉伸界面的圆的直径相同，这样两个管道才能啮合好。

（12）单击 ✔ 按钮，完成草绘，选择 ◢ 按钮，表示切除材料向内，单击 ✔ 按钮完成流道的构建，单击"完成/返回"按钮，选择 FRONT 视图，工作区显示如图 5-59 所示。

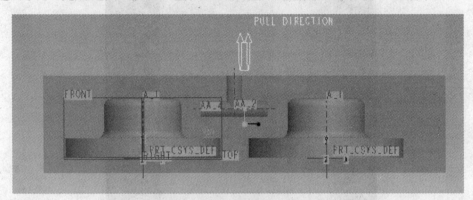

图 5-59　显示流道

下面用拉伸来建立浇口，其步骤为：

（1）菜单管理器中选择"特征"→"型腔组件"命令，这样浇注系统就建立在模具装配件上，毛坯和参考件均可以选取。选择"实体"→"切减材料"→"旋转"→"实体"→"完成"命令，在弹出的特征创建工具栏上选择草绘图标 ◪，打开草绘功能。

（2）在弹出的"剖面"对话框中选取 MOLD_FRONT 作为参考平面，选取 ADTM1 作为绘图平面，如图 5-60 所示。

（3）单击"草绘"命令，在弹出的"参照"对话框中，选择基准面 ADTM2、MAIN_PARTING_PLN 和 FRONT 作为参考，单击"关闭"按钮，如图 5-61 所示。

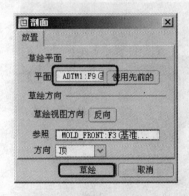

图 5-60　"剖面"对话框

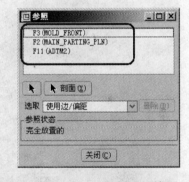

图 5-61　"参照"对话框

（4）在工作区绘制截面如图 5-62 所示，其中剖面的圆的半径为"50"。

（5）单击 ✔ 按钮，完成草绘，选择标准方向，如图 5-63 所示。

（6）在选项中设置深度为"到选定的"，以及所选取的曲面如图 5-64 所示。

（7）选择 ◢ 按钮，单击 ✔ 按钮完成注道构建，单击"完成/返回"按钮，完成浇注系统设置，如图 5-65 所示。

5.3.7　以分模面拆模

以分模面拆模的步骤如下：

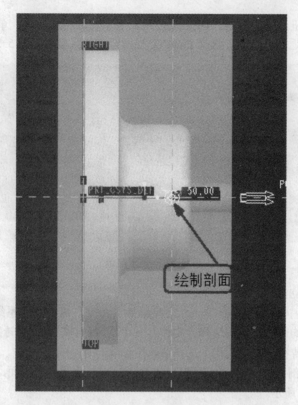

图 5-62　绘制截面

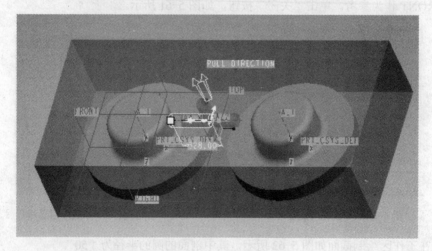

图 5-63　完成草绘

（1）在菜单管理器中选择"模具体积块"→"分割"→"两个体积块"→"所有工件"→"完成"命令，表示切成两个体积块，这样弹出"分割"对话框，如图 5-66 所示。

（2）选择步骤 5.3.5 所建立的分模面作为分模面，然后单击"确定"按钮，根据提示在对话框中输入名称 body1，工作区显示如图 5-67 所示。

（3）单击"确定"按钮，根据提示在对话框中输入名称 body2，工作区显示如图 5-68 所示。

（4）单击"确定"按钮，在模型树中显示如图 5-69 所示，表示建立成功。

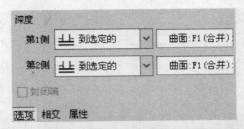

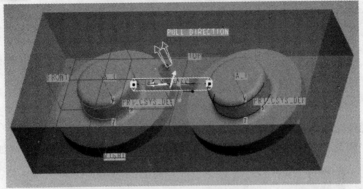

图 5-64　设置深度与选定面

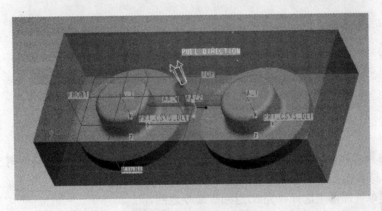

图 5-65　完整浇注系统

图 5-66　"分割"对话框

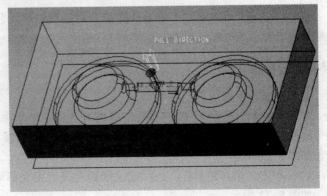

图 5-67　显示 body1

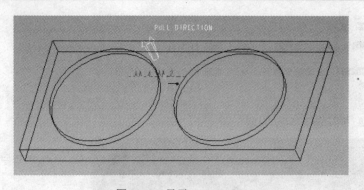

图 5-68　显示 body2　　　　　　　　　　图 5-69　模型树显示分割件

5.3.8　创建模具元件

创建模具元件的步骤如下：

（1）选择"模具元件"→"抽取"命令，弹出"创建模具元件"对话框，如图 5-70 所示。

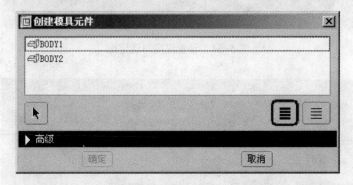

图 5-70　"创建模具元件"对话框

（2）选择 ▤ 按钮，表示全部选中，然后单击"确定"按钮，这样在模型树上就出现创建的型腔 body1 与 body2。

（3）在菜单管理器上选择"完成/返回"命令返回。

5.3.9　生成浇注件

选择"铸模"→"创建"命令，在提示对话框中输入名称 5MOLD，然后单击 ✔ 按钮，在模型树上显示 5MOLD 元件，完成浇注件的创建。

5.3.10　定义开模

定义开模的步骤如下：

（1）在模型树上利用 Ctrl+鼠标左键的方法选中参考件 5_REF、5_REF_1、毛坯 5_WRK 及分模面的节点后单击鼠标右键，选择"遮蔽"命令，将参考件、毛坯和分模面隐藏，工作区显示如图 5-71 所示。

（2）单击"模具进料孔"→"定义间距"→"定义移动"命令，开始打开模具的移动设置，如图 5-72 所示。

（3）选择部件 body1，然后选择移动的方向，选择向上，如图 5-73 所示。

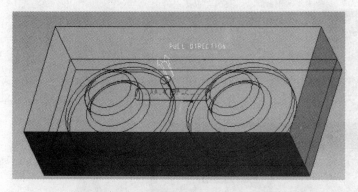

图 5-71　隐藏后的工作区显示　　　　　　图 5-72　"定义移动"命令

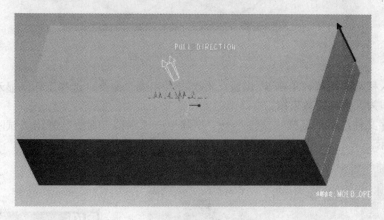

图 5-73　移动方向的选择

（4）输入移动的距离，然后单击 ✔ 按钮，再单击"完成"命令，工作区显示开模，如图 5-74 所示。

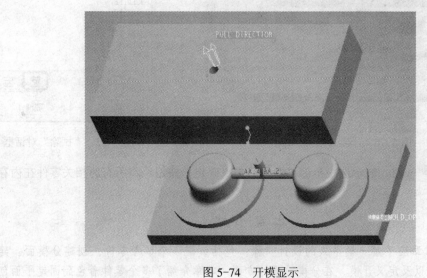

图 5-74　开模显示

（5）选择部件 2MOLD，然后选择移动的方向，选择向上，如图 5-75 所示。

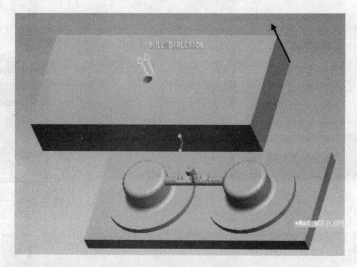

图 5-75　移动方向的选择

（6）输入移动的距离，单击 按钮，再单击"完成"命令，选择工作区显示开模，如图 5-76 所示，即为开模最终效果图。

（7）保存文件，然后选择"文件"→"拭除"→"当前"命令，弹出"拭除"对话框，如图 5-77 所示。

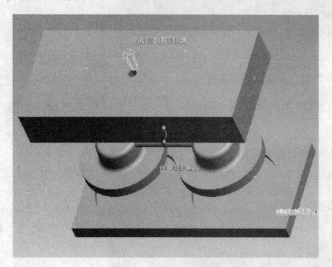

图 5-76　开模效果图　　　　　　　　　　图 5-77　"拭除"对话框

（8）选择 按钮，表示选中全部，然后单击"确定"按钮，将所有的相关零件在内存中删除。

本 章 小 结

读者学习本章应了解一模多穴的设计步骤，包括装配多个参考零件、创建分模面、建立多通道浇注系统以及定义开模。在分模面设计方面，本章介绍了多个零件着色到固定平面创建分模面的方法。在浇注系统方面，本章介绍了用拉伸创建浇注系统，并且是一个多通道的系统。此外，本章还介绍了多个基准平面的建立，使设计定位更精确、过程更简单。

练 习 题

运用本章介绍的方法对第 4 章练习题中如图 5-78 所示的零件进行一模多穴设计。

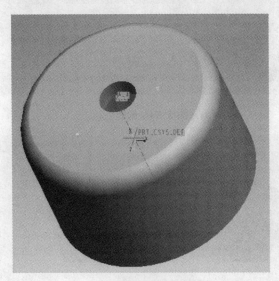

图 5-78 零件效果图

1．制作要求

（1）用一模双穴进行设计。

（2）完成开模设计。

2．技术提示

（1）加入参考零件如图 5-79 所示。

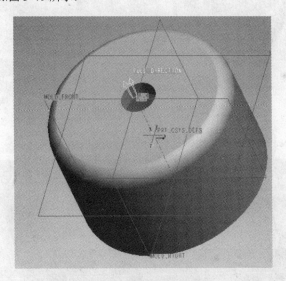

图 5-79 加入参考零件

（2）利用草绘创建毛坯，如图 5-80 所示。

（3）加入第二个参考零件，如图 5-81 所示。

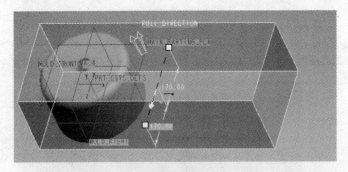

图 5-80 创建毛坯

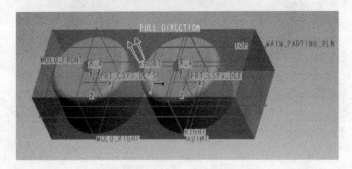

图 5-81 加入第二个参考零件

（4）创建着色分模面，如图 5-82 所示。

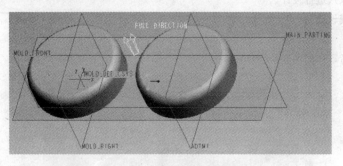

图 5-82 创建着色分模面

（5）创建模具元件、创建浇注件，如图 5-83 所示。

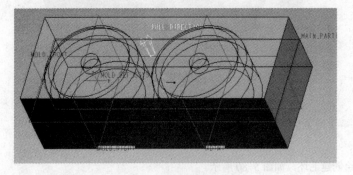

图 5-83 创建模具元件

（6）定义开模过程，开模显示如图 5-84 所示，即为最终效果。

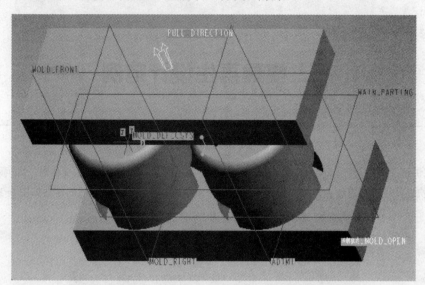

图 5-84 开模效果

6　模具再生设计范例

实例概述

　　本章讲解的实例是一个已经设计完成的模具，当它的参考零件的表面发生变化时，如何利用模具再生功能快速实现模具更改，本章的实例零件仍是第 4 章的零件，对它更改后的零件如图 6-1 所示。

图 6-1　更改后零件效果图

6.1　本章重点与难点

　　在工程实践中，如果模具设计完毕后，发现参考零件设计有问题，则必须对参考零件进行修改，这样模具设计就得重新开始。为了解决这个问题，Pro/E 有一套完整的再生系统，方便进行零件更改。模具再生的一般步骤如下：

　　（1）更改参考零件；

　　（2）模具再生；

　　（3）解决再生失败问题；

6.2　制作流程

　　开模最终效果图如图 6-2 所示，表 6-1 给出了创建的基本流程。

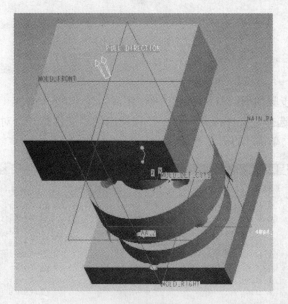

图 6-2 模具设计最终效果图

表 6-1 基本流程

步 骤	操 作 内 容	显 示 结 果	操作方法及提示
1	打开模具文件		直接打开
2	修改参考零件		在零件中直接修改
3	模具再生		用再生命令
4	开模显示		直接显示

6.3　实例制作

6.3.1　打开模具文件

打开模具文件的步骤如下：

（1）在主菜单上选择"文件打开"命令，在弹出的"文件打开"对话框中选择"4.mfg"文件，如图6-3所示，单击"打开"按钮。

图6-3　"文件打开"对话框

（2）工作区显示如图6-4所示，此模具设计已经完成。

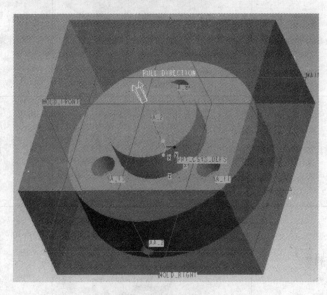

图6-4　工作区显示

6.3.2 修改参考零件

修改参考零件的步骤如下：

（1）在模型树上选择 4_REF.prt，单击右键选择"打开"命令，如图 6-5 所示。

（2）这样会弹出零件窗口并在其中显示零件，如图 6-6 所示。

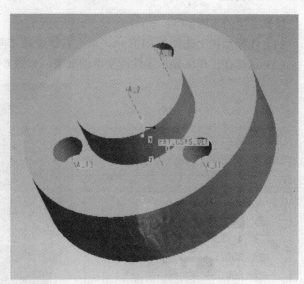

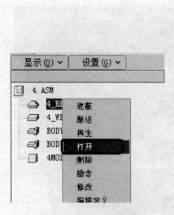

图 6-5 "打开"命令

图 6-6 显示零件

（3）利用  按钮更改零件，如图 6-7 所示。

图 6-7 更改零件图

警告：如果对参考零件做很大的改变，如添加内凹孔、添加伸出项等操作，会导致模具再生失败。

（4）保存文件后关闭零件，回到模具设计窗口。

6.3.3 模具再生

模具再生的步骤如下：

（1）在模型树上选择 4_REF.prt，单击右键选择"再生"命令，如图 6-8 所示。

（2）这样在工作区显示零件改变后的效果，如图 6-9 所示。

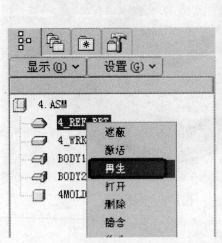
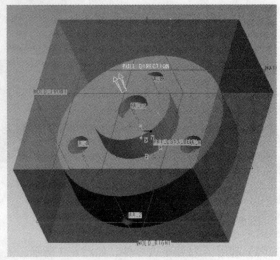

图 6-8 "再生"命令   图 6-9 显示再生效果

（3）单击"模具进料口"命令，显示模具开模过程，如图 6-10 所示，可以看出模具再生成功。

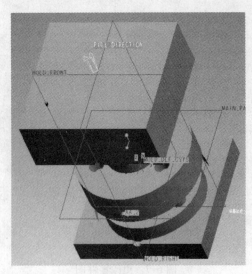

图 6-10 模具开模显示

（4）保存文件，然后选择"文件"→"拭除"→"当前"命令，弹出"拭除"对话框，如图 6-11 所示。

图 6-11 "拭除"对话框

（5）选择 ▤ 按钮，表示选中全部，然后单击"确定"按钮，将所有的相关零件在内存中删除。

本 章 小 结

读者学习本章应了解模具再生的设计步骤，包括打开参考零件、修改参考零件和模具再生。

练 习 题

运用本章介绍的方法对如图 6-12 所示的零件进行再生设计。

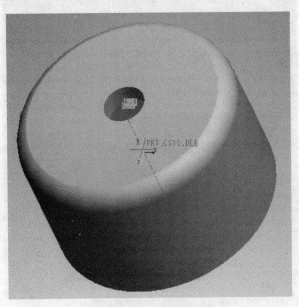

图 6-12 零件效果图

1. 制作要求

（1）完成参考零件的修改。

（2）完成再生设计。

2. 技术提示

（1）加入参考零件如图 6-13 所示。

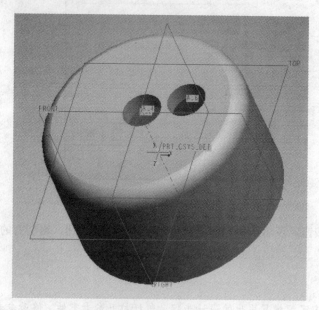

图 6-13　加入参考零件

（2）模具再生完毕，开模显示如图 6-14 所示。

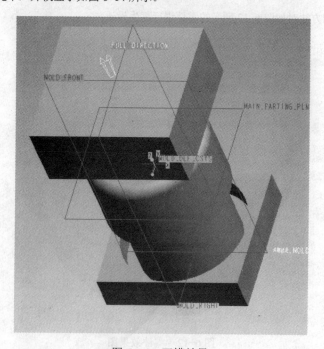

图 6-14　开模效果

7　模具零件检测范例

实 例 概 述

　　Pro/E 提供完整的模具检测功能，可分析零件并查看其是否有完全的拔模角度和合适的厚度。所以模具检测分为两个步骤，一是对模型执行拔模检测，二是厚度检测。本章要进行模具设计及检测的零件如图 7-1 所示。

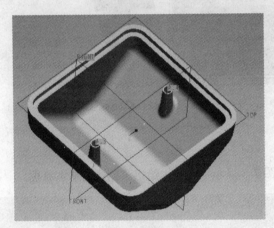

图 7-1　检测零件

7.1　本章重点与难点

7.1.1　拔模检测关键技术

　　要检测模型是否有足够的拔模条件，需要指定最小拔模角、拉伸方向平面以及要检测单侧还是双侧。拉伸方向平面是否垂直于模具打开方向的平面。指定拉伸方向平面和拔模检测角度后，Pro/E 计算每一曲面相对于指定方向的拔模。超出拔模检测角度的任何曲面将以洋红色显示，小于角度（负值）的任何曲面将以蓝色显示，处于二者之间的所有曲面以代表相应角度的彩色光谱显示，如图 7-2 所示。

7.1.2　厚度检测关键技术

　　可使用厚度检测功能来确定零件的某些区域同用户指定的最小和最大厚度比较，是太厚还是太薄。既可在零件中间距等量增加的平行平面检测厚度，也可在所选的指定平面检测厚度。

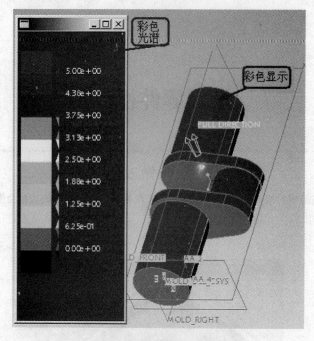

图 7-2　拔模检测示意图

7.2　制作流程

开模最终效果图如图 7-3 所示，表 7-1 给出了创建的基本流程。

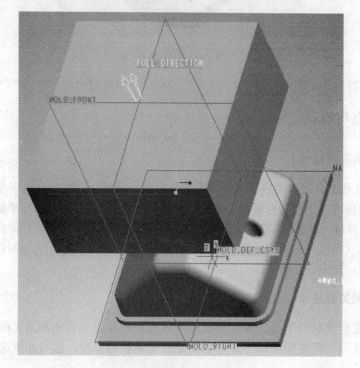

图 7-3　模具设计最终效果图

表 7-1 基本流程

步 骤	操 作 内 容	显 示 结 果	操作方法及提示
1	建立模具文件		设置工作目录，创建新文件
2	建立模具模型		加入参考零件
3	创建毛坯		利用草绘直接绘制毛坯
4	建立分模面		用着色分模面创建
5	创建模具元件		用抽取方法创建
6	定义开模		移动上模
7	模具检测		拔模与厚度检测

7.3　实例制作

7.3.1　建立模具文件

建立模具文件的步骤如下：

（1）新建一个文件夹，命名为"7"，把零件"7.prt"拷贝进文件夹，此零件即为处理零件。

（2）进入 Pro/E 系统。

（3）选择"文件"→"设置工作目录"命令，在"选取工作目录"对话框中选择工作目录为"7"的文件夹所在的目录，如图 7-4 所示，单击　"确定"按钮完成设置。

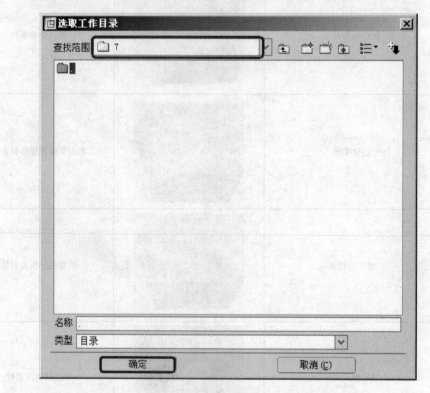

图 7-4　"选取工作目录"对话框

（4）选择"文件"→"新建"命令，在弹出的"新建"对话框中的"类型"选项组中选择"制造"单选按钮，在"子类型"选项组中选择"模具型腔"单选按钮，如图 7-5 所示，在名称栏下输入"7"，取消"使用缺省模板"复选框，单击"确定"按钮。

（5）在弹出的"新文件选项"对话框中选择 mmns_mfg_mold，表示使用毫米制，单击"确定"按钮，如图 7-6 所示。

（6）这样在工作区显示坐标系 MOLD_DEF_CSYS 及基准面 MOLD_FRONT、MOLD_RIGHT 和 MAIN_PARTING_PLN，如图 7-7 所示。

7.3.2　建立模具模型

建立模具模型的步骤如下：

（1）在菜单管理器中选择"模具"→"模具模型"→"装配"→"参考模型"命令，在弹出的对话框中选择工件"7.prt",作为参考零件,如图7-8所示。

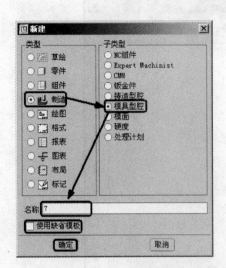

图7-5 "新建"对话框

图7-6 "新文件选项"对话框

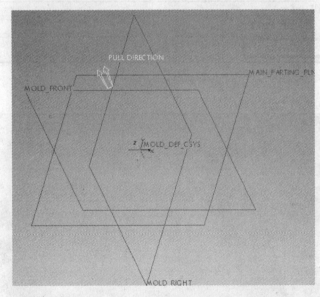

图7-7 显示坐标系及基准面

(2)单击"打开"按钮,在工作区显示零件,如图7-9所示。

(3)在弹出的"元件放置"对话框中,将连接属性设为"缺省",如图7-10所示。

(4)单击"确定"按钮,在弹出的"创建参照模型"对话框中输入参考件的名称"7_REF",如图7-11所示。

(5)单击"确定"按钮,在模型树上显示如图7-12所示,表示完成参考件的创建。

下面将新建图层,隐藏零件基准面。

(6)在导航器上单击"显示"按钮,显示下拉菜单,选择"层树"选项,如图7-13所示。

(7)在层树中指定参考零件 5_REF.prt,在导航器中选择"编辑"→"新建层"命令,如

图 7-14 所示。

图 7-8　打开参考文件

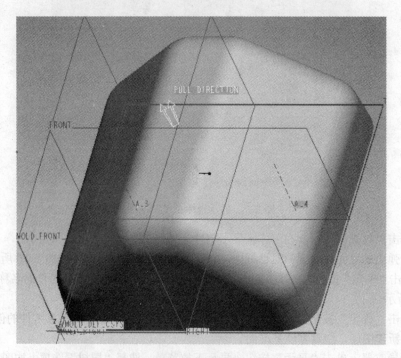

图 7-9　显示零件

图 7-10 设置连接类型

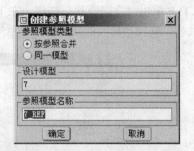

图 7-11 "创建参照模型"对话框

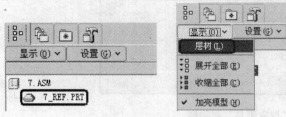

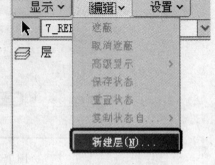

图 7-12 模型树　　　　图 7-13 "层树"选项　　　　图 7-14 "新建层"命令

（8）弹出"层属性"对话框，在名称栏中输入图层名称 Datum，表示隐藏的是零件的基准平面，如图 7-15 所示。

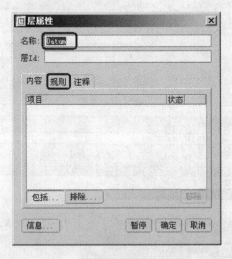

图 7-15 "层属性"对话框

（9）选择"规则"选项卡，单击"编辑规则"按钮，打开"搜索工具"对话框，如图 7-16 所示。

（10）单击"选项"按钮，在下拉菜单中选择"建立查询"命令，在查找列表中选择"基准平面"选项，单击"新增"按钮，然后在查找列表中选择"特征"选项，单击"新增"按钮，在规则说明列表框中的"运算符"中设置基准平面和特征之间的关系为"or",如图7-17所示。

（11）单击"立即查找"按钮,在下面的列表框中会显示当前查找到的基准面,单击"确定"按钮,则在层属性的规则栏中显示规则,如图7-18所示。

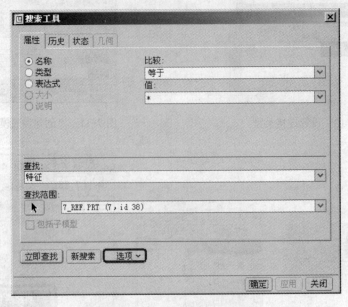

图7-16　　"搜索工具"对话框

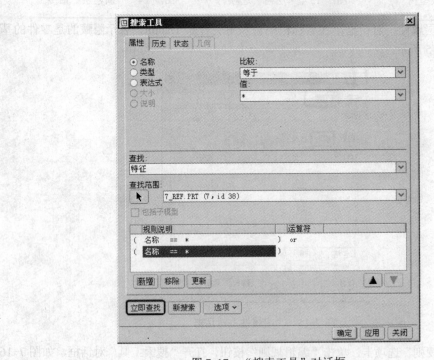

图7-17　　"搜索工具"对话框

（12）单击"确定"按钮,完成图层Datum的创建。

（13）在层树中选择Datum图层,单击右键,在弹出的快捷菜单中选择"遮蔽层"命令,如图 7-19 所示。

（14）选择"视图"→"重画"命令调整画面，3 个参考零件的基准面及坐标系在画面中隐藏，如图 7-20 所示。

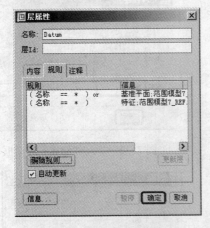

图 7-18 "层属性"对话框

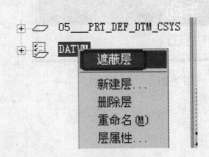

图 7-19 "遮蔽层"命令

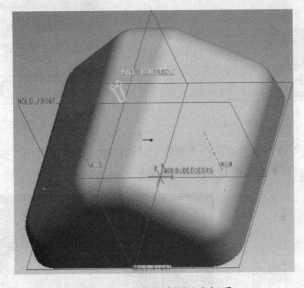

图 7-20 隐藏基准面及坐标系

7.3.3 创建毛坯

创建毛坯的步骤如下：

（1）在菜单管理器中选择"创建工件"→"手动"命令，如图 7-21 所示。

（2）在弹出的"元件创建"对话框中的名称栏中输入名称"7_wrk"，如图 7-22 所示。

（3）单击"确定"按钮，在弹出的"创建方法"对话框中选择"创建特征"单选项，如图 7-23 所示。

（4）单击"确定"按钮，开始创建毛坯的第一个特征，选择"实体"→"加材料"→"拉伸"→"实体"→"完成"命令，在特征创建工具栏上选择草绘图标，打开草绘功能。

（5）在弹出的"剖面"对话框中选取 MAIN_PARTING_PLN 作为"顶"参考平面，选取 MOLD_FRONT 作为绘图平面，如图 7-24 所示。

图 7-21 "创建工件"命令

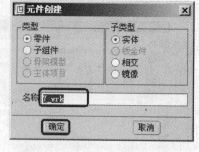

图 7-22 "元件创建"对话框

图 7-23 "创建方法"对话框

图 7-24 "剖面"对话框

（6）单击"草绘"命令，在弹出的"参照"对话框中，单击"关闭"按钮，如图 7-25 所示。

（7）在工作区选择□按钮绘制如图 7-26 所示的截面。

图 7-25 "参照"对话框

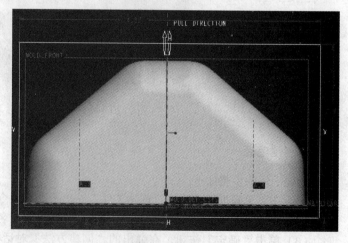

图 7-26 绘制截面

技巧：直接用□按钮绘制一般的四方体毛坯，如果从节省材料的角度考虑，还可以根据零件的几何特征创建毛坯。

（8）单击 ✔ 按钮，完成草绘，选择标准方向，单击"选项"按钮，设置侧面均为"盲孔"，如图 7-27 所示。

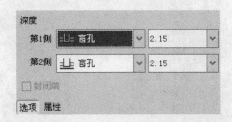

图 7-27　设置"盲孔"

（9）在工作区通过鼠标设置拉伸长度，单击 ✔ 按钮，完成毛坯设计，如图 7-28 所示。

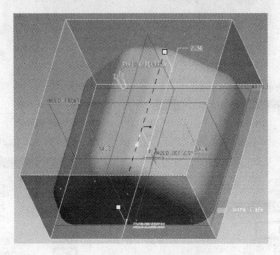

图 7-28　完成毛坯创建

（10）单击"完成/返回"按钮，在工作区显示毛坯，如图 7-29 所示。

7.3.4　设置收缩率

设置收缩率的步骤如下：

（1）在菜单管理器中选择"收缩"→"按尺寸"→"设置/复位"命令，选择"所有尺寸"后，弹出参考零件的工作区，在下面的输入栏中输入 0.0005，如图 7-30 所示。

（2）单击 ✔ 按钮，选择"完成"→"完成/返回"→"完成/返回"命令，回到模具菜单下，完成收缩的设置。

7.3.5　建立分模面

建立分模面的步骤如下：

（1）在菜单管理器中选择"分型面"→"创建"命令，在弹出的对话框中输入分模面名称 **PART_SURF_7**，如图 7-31 所示。

（2）单击"确定"按钮，选择"增加"→"着色"→"完成"命令，如图 7-32 所示。

（3）单击"确定"按钮，完成分模面的建立，如图 7-33 所示。

（4）然后单击"完成/返回"按钮，完成分模面设计，回到模具设计菜单。

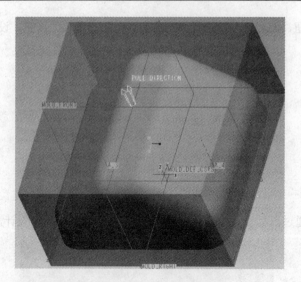

图 7-29 显示毛坯

图 7-30 输入收缩率

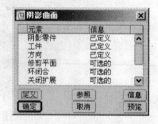

图 7-31 "分模面名称"对话框   图 7-32 "阴影曲面"对话框

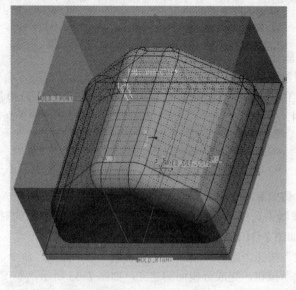

图 7-33 分模面的建立

7.3.6 以分模面拆模

以分模面拆模的步骤如下：

（1）在菜单管理器中选择"模具体积块"→"分割"→"两个体积块"→"所有工件"→"完成"命令，表示切成两个体积块，这样弹出"分割"对话框，如图 7-34 所示。

（2）选择 7.3.5 创建的分模面作为分模面，然后单击"确定"按钮。

（3）在弹出的对话框中输入名称 body1，工作区显示 body1 如图 7-35 所示。

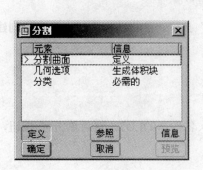

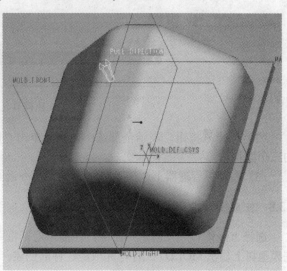

图 7-34 "分割"对话框   图 7-35 显示 body1

（4）单击"确定"按钮，在弹出的对话框中输入其他体积的名称 body2，工作区显示 body2 如图 7-36 所示。

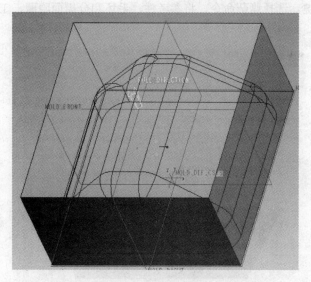

图 7-36 显示 body2

（5）单击"完成"按钮，完成分割，在模型树中显示新分割的元件。

7.3.7 创建模具元件

创建模具元件的步骤如下：

（1）选择"模具元件"→"抽取"命令，弹出"创建模具元件"对话框，如图 7-37 所示。

图 7-37 "创建模具元件"对话框

（2）选择 ▤ 按钮，表示全部选中，然后单击"确定"按钮，这样在模型树上就出现创建的三个型腔。

（3）在菜单管理器上选择"完成/返回"命令返回。

7.3.8 生成浇注件

选择"铸模"→"创建"命令，在提示对话框中输入名称 MOLD7，然后单击 ✔ 按钮，在模型树上显示 MOLD7 元件，完成浇注件的创建。

7.3.9 定义开模

定义开模的步骤如下：

（1）在模型树上利用 Ctrl+鼠标左键的方法选中参考件 7_REF、毛坯 7_WRK 及分模面的节点后单击鼠标右键，选择遮蔽命令，将参考件、毛坯和分模面隐藏，工作区显示如图 7-38 所示。

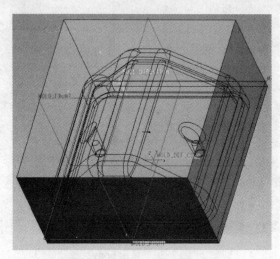

图 7-38 隐藏后的工作区显示

（2）单击"模具进料孔"→"定义间距"→"定义移动" 命令，开始打开模具的移动设置，如图 7-39 所示。

（3）选择部件 body1，然后选择移动的方向，选择向上，如图 7-40 所示。

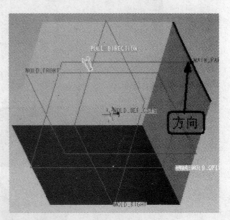

图 7-39 "定义移动"命令　　　　　图 7-40 移动方向的选择

（4）输入移动的距离，然后单击 按钮，再单击"完成"命令，工作区显示开模，如图 7-41 所示。

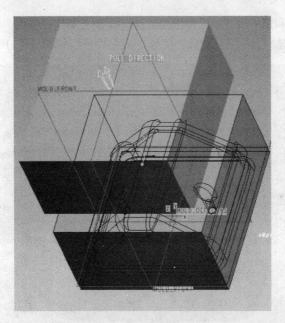

图 7-41 开模显示

（5）再选择"模具进料孔"→"定义间距"→"定义移动" 命令，选择部件 body2，移动好后工作区显示开模，如图 7-42 所示。

（6）选择"完成/返回"命令返回，然后保存该文件，完成模具设计。

7.3.10 模具检测

模具检测的步骤如下：

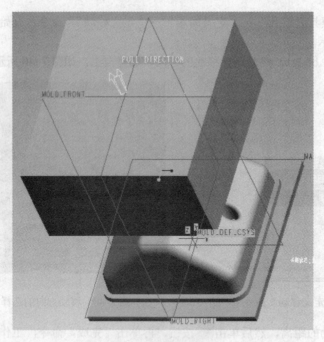

图 7-42　完成移动

（1）在模型树上利用 Ctrl＋鼠标左键的方法选择参考零件、毛坯、模型型腔、型芯、分模面，然后单击鼠标右键，选择隐藏命令，工作区显示铸件，如图 7-43 所示。

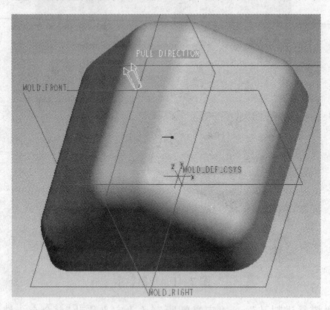

图 7-43　显示铸件

（2）在主菜单下的"分析"菜单下选择"模具分析"命令，如图 7-44 所示。

（3）这样就打开了"模具分析"对话框，在类型栏下选择"拔模检测"选项，表示检查拔模，选取浇注件 MOLD7 为分析零件，然后选择"双向"复选框，输入角度 5.00，如图 7-45 所示。

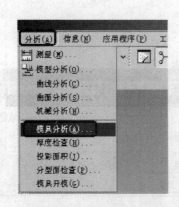

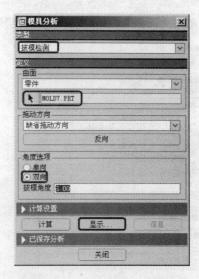

图 7-44 "模具分析"命令   图 7-45 "模具分析"对话框

提示: 拔模角度可以根据实际情况选定,对于一般的零件,一般选择"5.00",对于较复杂的零件,一般选择"5.00~8.00"之间。

(4)单击"显示"按钮,弹出如图 7-46 所示的"拔模检测-显示设置"对话框,设置颜色数目为 10,然后单击"确定"按钮返回。

(5)单击"计算"按钮,表示进行计算,浇注件以彩色显示,浇注件外部所有可拔模的面落在正值区域,如图 7-47 所示。

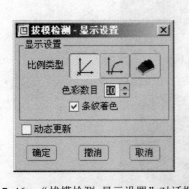

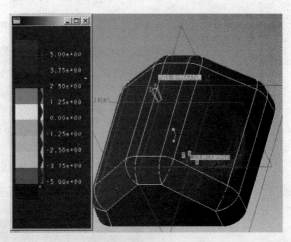

图 7-46 "拔模检测-显示设置"对话框   图 7-47 计算显示结果

(6)在主菜单下的"分析"菜单下选择"厚度检查"命令,打开厚度分析对话框,选取浇注件 MOLD7 为分析零件,选择"层切面"按钮,然后选择起始点为浇注件前侧平面上任意点,中止点为后侧平面上任意点,并设置层切面偏距为 1.00,在最大值文本栏中输入可允许的最大厚度为 0.7,设置最小值文本栏输入可允许的最小厚度为 0.05,如图 7-48 所示。

提示: 厚度的最大值与最小值根据材料的性质和实际情况需要而定。

（7）单击"计算"按钮，表示进行切层厚度的计算，显示计算结果如图7-49所示。

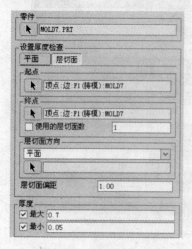

图 7-48　厚度分析对话框

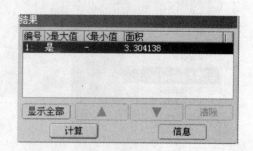

图 7-49　计算结果

本 章 小 结

　　读者学习本章应了解模具零件的检测步骤，包括拔模检测和厚度检测。在拔模检测过程中，要能看清不同颜色所表示的意义；在厚度检测中，要分析检测的计算结果。在分模面设计方面，本章又复习了用着色方法创建分模面。

练 习 题

运用本章介绍的方法对第4章练习题中如图7-50所示的零件进行模具检测。

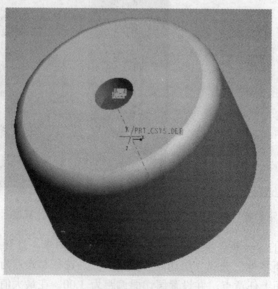

图 7-50　零件效果图

1．制作要求

（1）完成拔模角度检测。

（2）完成厚度检测。

2．技术提示

（1）拔模角度检测结果如图 7-51 所示。

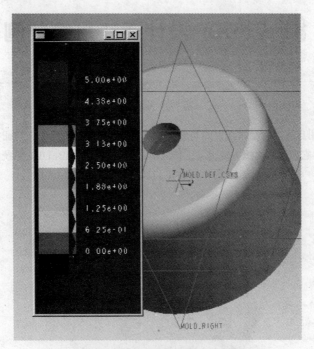

图 7-51　拔模角度检测结果

（2）厚度检测结果如图 7-52 所示。

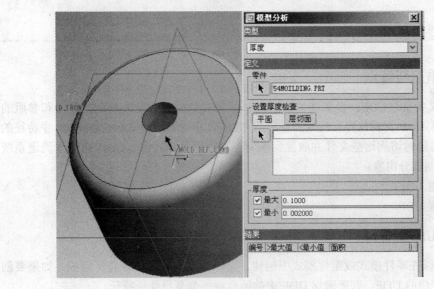

图 7-52　厚度检测结果

8 以 UDF 设计浇注系统范例

实 例 概 述

在 Pro/E 中，用户可以将经常使用的某个特征或几个特征定义为自定义特征（UDF），这样在以后的设计中可以调用它们，从而极大地提高工作效率。本章将要组成的 UDF 系统如图 8-1 所示。

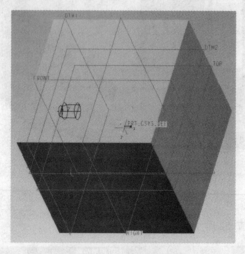

图 8-1　UDF 系统

8.1　本章重点与难点

用户定义特征（UDF）是那些被分成组并保存成文件的特征及其各自尺寸和参照的一个集合。通常将 UDF 文件保存在特定的目录或 UDF 库中，通过指定包含在 UDF 中特征的新参照和尺寸，可随时访问这些文件并放置到模型上。在模具模式中，UDF 常用于流道系统。使用 UDF 包括两部分内容：

（1）创建 UDF；

（2）放置 UDF。

8.1.1　创建 UDF 关键技术

UDF 可以在零件模式或组件模式中创建，它可由零件或组件级特征组成。如果要创建放置于模具模型中的 UDF，则要确保 UDF 中的所有特征都是组件级特征。

创建 UDF 的一般过程如下：

（1）指定一个 UDF 依赖于原始模型的从属关系选项。创建 UDF 时，将有两个有关 UDF 保存方式及其与原始模型的从属关系的选项。一个是独立，指创建特征所需的所有信息都保存在 UDF 文件中，原始模型所做的任何改变都不会影响 UDF；一个是从属，指 UDF 内的特征会从当前模型中获取一些与其有关的信息，原始模型所做的任何改变都会在 UDF 中反映出来。

（2）保存参照模型。创建独立 UDF 时，此选项用来保存参照模型。参照模型是当前模型的副本，其名称为 UDF_GP.PRT 或.ASM，如果要创建从属 UDF 则当前模型将被用作参照模型。

（3）选取特征。对于选取的要包含在 UDF 中的特征彼此间不必一定是父子关系。但是，包含在组件级 UDF 中的特征必须是组件级特征。

（4）指定外部参照的提示。选取特征后，需要为 UDF 外部特征的所有参照提供提示。

（5）定义可变尺寸与元素。定义 UDF 时，可以指定可变尺寸和特征元素。可以使部分或全部特征尺寸可变，也可以使 UDF 中任何特征的任何元素都为可变。

8.1.2 放置 UDF 关键技术

创建好 UDF 后，可以通过以下步骤来放置：

（1）指定新几何的从属关系。放置 UDF 时，可指定新几何是独立的，还是由 UDF 文件驱动的。独立是新几何完全独立于 UDF 文件；UDF 驱动是新几何与 UDF 文件相关，如果 UDF 文件发生变化可在新模型中更新此几何来反映这些变化。

（2）指定 UDF 单位。放置 UDF 时有一个选项可用来指定 UDF 单位。有三种单位，一种是相同大小，指新几何与原始几何具有相同的物理大小；一种是相同尺寸，指新几何保留相同尺寸值；最后一种是用户比例，指可为尺寸值指定用户的定制比例。

（3）指定不可变尺寸的状态。创建 UDF 时，要明确标明哪些尺寸是可变的。所有其他尺寸都被视为不可变的。放置 UDF 时可选择不可变尺寸在模型中的显示方式，有正常、只读和隐蔽三种方式。

（4）指定参照和可变尺寸。为了使系统能在新模型中创建组，可拾取与提示对应的适当参照。输入值时很重要的一点就是要注意这些尺寸的正方向，以便将 UDF 放置在正确的位置上。

8.2 制作流程

UDF 放置效果图如图 8-2 所示，表 8-1 给出了创建的基本流程。

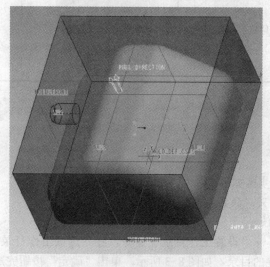

图 8-2　最终效果图

表 8-1　基本流程

步　骤	操 作 内 容	显 示 结 果	操作方法及提示
1	建立新零件实体		直接草绘实体
2	建立浇口特征		利用拉伸方法创建
3	建立流道特征		利用旋转曲面创建
4	设置用户自定义特征		设置位置、尺寸与参考面
5	放置 UDF		直接放置

8.3　实例制作

8.3.1　建立新零件实体

建立新零件实体的步骤如下：

（1）新建一个文件夹，命名为"8"。

（2）进入 Pro/E 系统。

（3）选择"文件"→"设置工作目录"命令，在"选取工作目录"对话框中选择工作目录为"8"的文件夹所在的目录，如图 8-3 所示，单击"确定"按钮完成设置。

（4）选择"文件"→"新建"命令，在弹出的"新建"对话框的"类型"选项组中选择"零件"单选按钮,在"子类型"选项组中选择"实体"单选按钮,如图 8-4 所示,在名称栏下输入"8",取消"使用缺省模板"复选框,单击"确定"按钮。

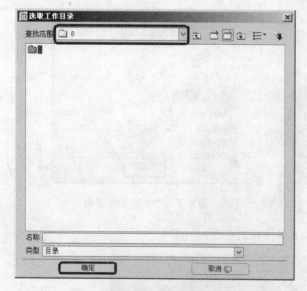

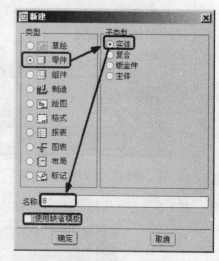

图 8-3 "选取工作目录"对话框   图 8-4 "新建"对话框

(5)在弹出的"新文件选项"对话框中选择 mmns_mfg_mold,表示使用毫米制,单击"确定"按钮,如图 8-5 所示。

(6)工作区显示坐标系 MOLD_DEF_CSYS 及基准面 MOLD_FRONT、MOLD_RIGHT 和 MAIN_PARTING_PLN,如图 8-6 所示。

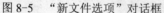

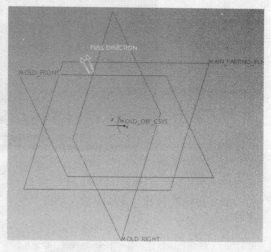

图 8-5 "新文件选项"对话框   图 8-6 显示坐标系及基准面

(7)在工具栏上选择拉伸特征按钮 ,选择用拉伸方式建立实体。单击特征工作栏上的草绘按钮 。

(8)在弹出的"剖面"对话框中选取 TOP 作为参考平面,选取 FRONT 作为绘图平面,如图 8-7 所示。

（9）单击"草绘"命令，在弹出的"参照"对话框中，单击"关闭"按钮，如图 8-8 所示。

图 8-7 "剖面"对话框 图 8-8 "参照"对话框

（10）在工作区选择 □ 按钮绘制如图 8-9 所示的截面。

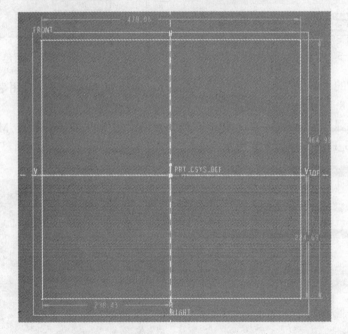

图 8-9 绘制截面

（11）单击 ✔ 按钮，完成草绘，单击"选项"按钮，设置侧面均为"盲孔"，如图 8-10 所示。

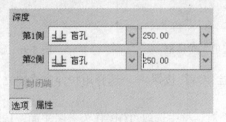

图 8-10 设置"盲孔"

（12）在工作区通过鼠标设置拉伸长度，单击 ✔ 按钮，完成特征构建，如图 8-11 所示。

图 8-11 完成特征构建

提示： 创建新零件实体的过程跟 Pro/E 创建零件的过程是一样的，所以 Pro/E 创建零件的技巧都可以在这一步使用。

8.3.2 建立浇口特征

建立浇口特征的步骤如下：

（1）在工具栏上选择拉伸特征按钮 ，选择用拉伸方式建立实体。单击特征工作栏上的草绘 按钮。

（2）在弹出的"剖面"对话框中选取 Top 作为"底部"参考平面，选取零件左侧面作为绘图平面，如图 8-12 所示。

（3）单击"草绘"按钮，在弹出的"参照"对话框中，单击"关闭"按钮，如图 8-13 所示。

图 8-12 "剖面"对话框   图 8-13 "参照"对话框

（4）在工作区选择 按钮绘制如图 8-14 所示的截面。

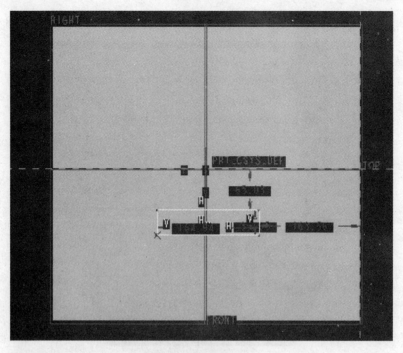

图 8-14   绘制截面

（5）单击✔按钮，完成草绘，在特征创建对话框上利用✗按钮确认切除方向指向零件内部，然后选择◿按钮确认切除材料，输入切除深度"40"。

技巧：在创建零件过程中，◿按钮起到去除零件内部材料的作用，如果不用它，在零件中创建的是一个实心的圆柱。

（6）单击✔按钮，完成特征构建，如图 8-15 所示。

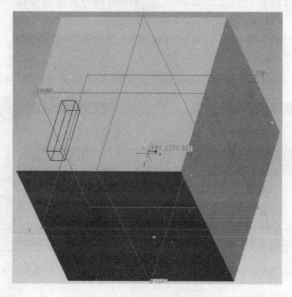

图 8-15   完成特征构建

8.3.3 建立流道特征

先建立基准面，步骤如下：

（1）单击 🔲 按钮，弹出"基准平面"对话框，如图 8-16 所示，选取 RIGHT 为参照，选择基准面穿过步骤 8.3.2 建立的特征的两条边界线。

（2）单击"确定"按钮，完成基准面 DTM1 的设计，如图 8-17 所示。

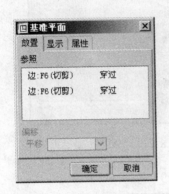

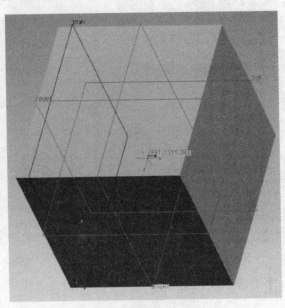

图 8-16　"基准平面"对话框　　　　　　图 8-17　新建的基准面

（3）单击 🔲 按钮，弹出"基准平面"对话框，如图 8-18 所示，选取 TOP 为参照。

（4）输入平移值 85，单击"确定"按钮，完成基准面 DTM2 的设计，如图 8-19 所示。

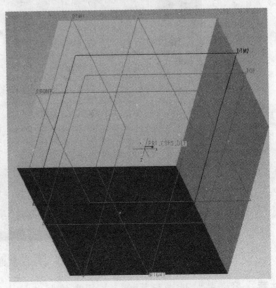

图 8-18　"基准平面"对话框　　　　　图 8-19　新建的基准面 DTM2

技巧：建立基准面可以使定位更准确，尤其是建立相互垂直的三个基准面，其作用相当于欧式空间的坐标轴。

（5）在工具栏上选择拉伸特征按钮，选择用旋转方式建立实体。单击特征工作栏上的草绘按钮。

（6）在弹出的"剖面"对话框中选取 DTM1 作为"右"参考平面，选取 DTM2 作为绘图平面，如图 8-20 所示。

（7）单击"草绘"按钮，在弹出的"参照"对话框中，选取浇口的底面作为参照，然后单击"关闭"按钮，如图 8-21 所示。

图 8-20 "剖面"对话框

图 8-21 "参照"对话框

（8）在工作区绘制如图 8-22 所示的截面与中心线。

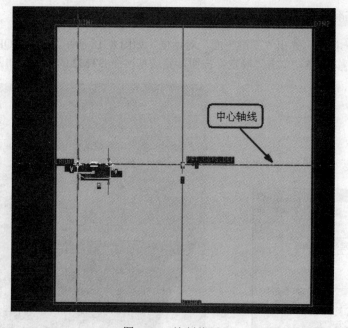

图 8-22 绘制截面

注意：用旋转特性进行草绘，必须先绘制旋转中心轴，然后还必须保证绘制的旋转线要闭合，且必须在中心轴的同一侧。

（9）单击 ✔ 按钮，完成草绘，在特征创建对话框上利用 ⚋ 按钮确认切除方向指向零件内部，然后选择 ⚋ 按钮确认切除材料，如图 8-23 所示。

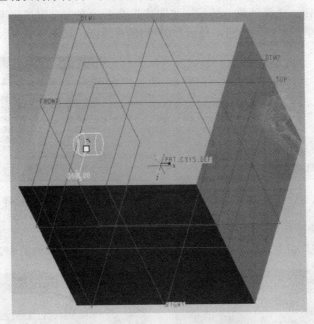

图 8-23 显示特征

（10）单击 ✔ 按钮，完成流道特征构建，整个浇口与流道显示如图 8-24 所示。

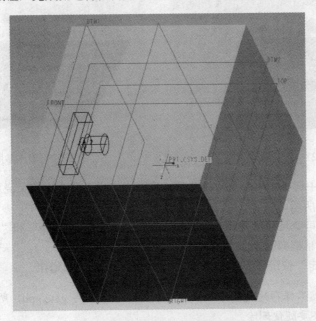

图 8-24 整个浇口与流道显示

8.3.4 设置用户自定义特征

设置用户自定义特征的步骤如下：

（1）在主菜单上选择"工具"→"UDF 库"→"创建"命令，输入 UDF 的名称"gate"，如图 8-25 所示。

（2）单击✓按钮，选择"单一的"→"完成"命令，在信息窗口出现"是否包括参照零件?"的信息，然后单击"是"按钮，显示 UDF 创建对话框，如图 8-26 所示。

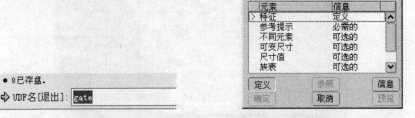

图 8-25　输入 UDF 名称　　　　　　图 8-26　UDF 创建对话框

（3）选择流道特征作为创建的 UDF 的特征，如图 8-27 所示。

（4）单击"完成"命令，系统提示输入参照曲面名称，依次输入如图 8-28 所示的曲面名称。

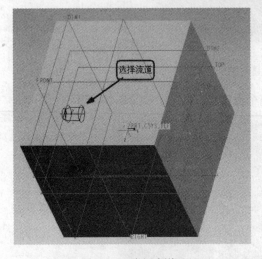
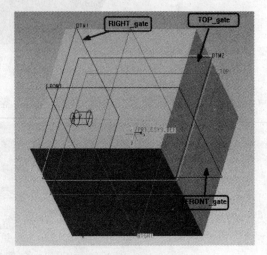

图 8-27　选择流道　　　　　　　　图 8-28　输入参照曲面名称

（5）在对话框中选择"可变尺寸"选项，选择"定义"命令，定义浇道的 3 个尺寸为可变尺寸，如图 8-29 所示。

（6）依次输入可变尺寸的提示文字"degree"、"radius"、"long"和"gate_radius"，设置完毕后 UDF 创建对话框如图 8-30 所示。

（7）单击"确定"按钮，完成 UDF 的创建，保存为 8.prt 后退出。

提示：系统虽然只保存的是零件 8.prt，但实际上已经保存 gate.gph，所以如果在文件夹中看到.gph 文件，请不要随便删除。

8.3.5　放置 UDF

我们在第 7 章创建的模具中放置 UDF，以完成流道的设计。

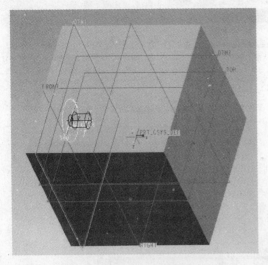

图 8-29 定义可变尺寸

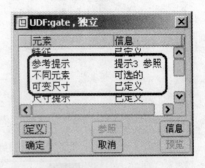

图 8-30 UDF 创建对话框

（1）打开文件 7.MFG，工作区显示如图 8-31 所示。

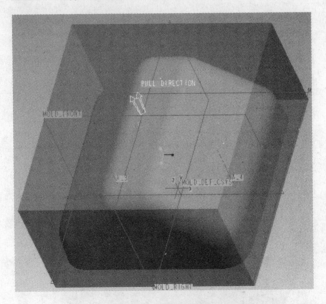

图 8-31 显示模具

（2）选择"特征"→"型腔组件"→"用户定义的"命令，弹出选择 UDF"打开"对话框，如图 8-32 所示。

（3）选择"gate.gph"文件，单击"打开"按钮，信息提示窗口出现"检索参照零件 GATE_GP 否?"的信息，单击"是"按钮。

（4）选择"独立"→"完成"命令，使 UDF 的特征的使用与原 UDF 无关，然后输入设置的可变尺寸 degree、radius、long 和 gate_radius 的值。

（5）选择"自动添加"命令，以上系统从模具组建中自动挑选适当的零件体积，选择"完成"命令，添加的 UDF 如图 8-33 所示。

图 8-32　"打开"对话框

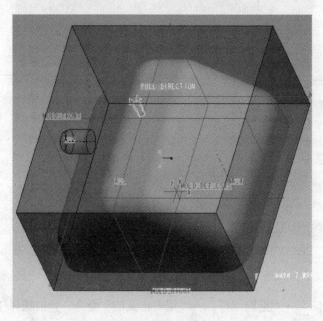

图 8-33　添加的 UDF

本 章 小 结

　　读者学习本章应了解 UDF 设计浇注系统的步骤与要点，包括新零件实体的建立、浇口特征和流道特征的建立、设置用户自定义特征与使用用户自定义特征。在浇口特征和流道特征的建立过程中，介绍了用拉伸和旋转的方法进行设计。同时，本章对坐标平面的建立进行了进一步的介绍。

练 习 题

运用本章介绍的方法创建如图 8-34 所示的 UDF。

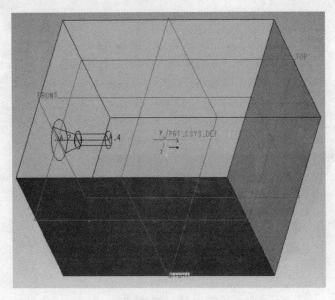

图 8-34　创建的 UDF

1．制作要求

（1）创建浇口特征。

（2）创建流道特征。

2．技术提示

（1）创建新零件实体如图 8-35 所示。

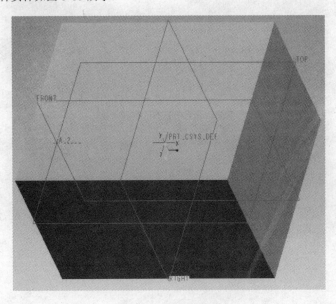

图 8-35　新零件实体

（2）建立浇口特征，如图 8-36 所示。

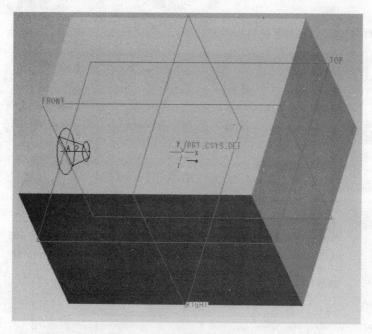

图 8-36　浇口特征

（3）建立流道特征，如图 8-37 所示。

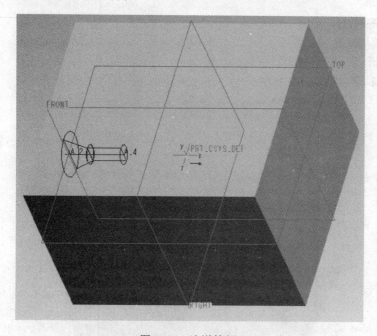

图 8-37　流道特征

9 滑块设计范例

实 例 概 述

本章讲解的实例是一个如图 9-1 所示的零件。可以看出，此零件有一个通孔，一个内凹孔，直接开模很困难，所以选用滑块的帮助进行拆模。

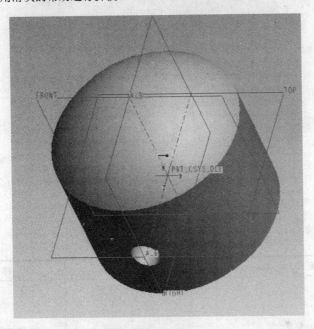

图 9-1 零件效果图

9.1 本章重点与难点

在进行模具设计的过程中，由于很多零件都有通孔和内凹孔，如果通孔的轴与零件的纵向轴平行，可以用补孔的方法（见第 4 章）来顺利完成模具设计，否则，通孔和内凹孔的设计就必须用其他方法来完成，滑块就是一种行之有效的方法。利用设计独特的滑块进行模具设计的关键步骤如下：

（1）建立滑块分模面。进行滑块设计不是直接设计滑块，而是通过分模面分割型腔的方式生成滑块，所以必须先建立滑块分模面。滑块分模面的建立一般采用复制、延拓与合并的方法；

（2）用滑块分模面生成滑块。这一步骤跟用分模面生成型腔的方法类似，都是通过平面把体积块分割开；

（3）生成浇注件。把包括滑块的所有零件都浇注成铸件；

（4）开模。开模时滑块作为独立的零件进行移动，一般和型腔的移动方向不同。

9.2　制作流程

开模最终效果图如图 9-2 所示，表 9-1 给出了创建的基本流程。

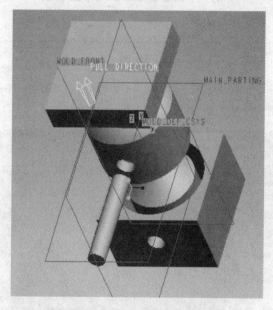

图 9-2　模具设计最终效果图

表 9-1　基本流程

步　骤	操　作　内　容	显　示　结　果	操作方法及提示
1	建立模具文件		设置工作目录，创建新文件
2	建立模具模型		创建参考零件
3	创建毛坯		利用草绘直接绘制毛坯

步 骤	操 作 内 容	显 示 结 果	操作方法及提示
4	创建分模面		创建着色分模面
5	创建滑块分模面		利用拉伸和合并创建滑块分模面
6	创建模具元件		利用分模面分割创建模具元件
7	生成浇注件		直接生成浇注件
8	定义开模		先移动滑块，再移动其他模具元件

9.3 实例制作

9.3.1 建立模具文件

建立模具文件的步骤如下：

（1）新建一个文件夹，命名为"9"，把零件"9.prt"拷贝进文件夹，此零件即为本章要处理的零件。

（2）进入 Pro/E 系统。

（3）选择"文件"→"设置工作目录"命令，在"选取工作目录"对话框中选择工作目录为"9"的文件夹所在的目录,如图9-3所示,单击 "确定"按钮完成设置。

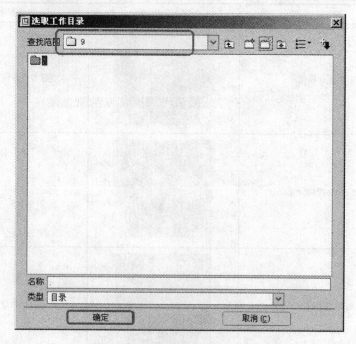

图9-3 "选取工作目录"对话框

　　(4)选择"文件"→"新建"命令,在弹出的"新建"对话框中的"类型"选项组中选择"制造"单选按钮,在"子类型"选项组中选择"模具型腔"单选按钮,如图9-4所示,在名称栏下输入"9",取消"使用缺省模板"复选框,单击"确定"按钮。

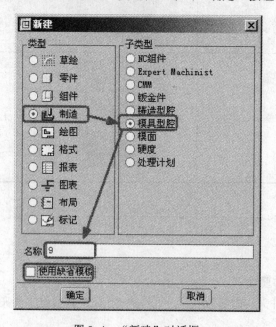

图9-4 "新建"对话框

　　(5)在弹出的"新文件选项"对话框中选择mmns_mfg_mold,表示使用毫米制,单击"确定"按钮,如图 9-5 所示。

图 9-5 "新文件选项"对话框

(6) 这样在工作区显示坐标系 MOLD_DEF_CSYS 及基准面 MOLD_FRONT、MOLD_RIGHT 和 MAIN_PARTING_PLN,如图 9-6 所示。

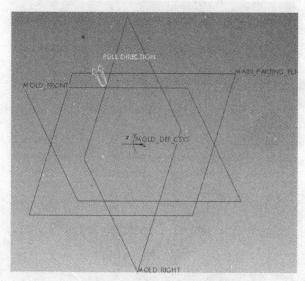

图 9-6 显示坐标系及基准面

9.3.2 建立模具模型

建立模具模型的步骤如下:

(1) 在菜单管理器中选择"模具"→"模具模型"→"装配"→"参考模型"命令,在弹出的对话框中选择工件"9.prt",作为参考零件,如图9-7所示。

图9-7　打开参考文件

(2)单击"打开"按钮,在工作区显示零件如图9-8所示。

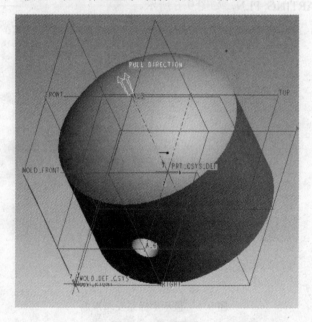

图9-8　显示零件

(3)在弹出的"元件放置"对话框中,将连接属性设为"缺省",如图9-9所示。

(4)单击"确定"按钮,在弹出的"创建参照模型"对话框中输入参考件的名称"9_REF",如图9-10所示。

图9-9 "元件放置"对话框

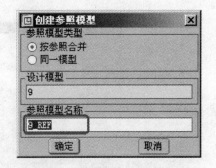

图9-10 "创建参照模型"对话框

（5）单击"确定"按钮，模型树显示如图9-11所示，表示完成参考件的创建。

下面将新建图层，隐藏零件基准面。

（6）在导航器上单击"显示"按钮，会显示下拉菜单，选择"层树"选项，如图9-12所示。

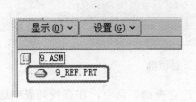

图9-11 模型树

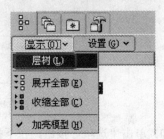

图9-12 "层树"选项

（7）在层树中指定参考零件 9_REF.prt，在导航器中选择"编辑"→"新建层"命令，如图9-13所示。

（8）弹出"层属性"对话框，在名称栏中输入图层名称 Datum，表示隐藏的是零件的基准平面，如图9-14所示。

图9-13 "新建层"命令

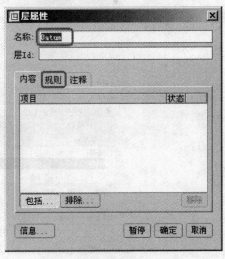

图9-14 "层属性"对话框

（9）选择"规则"选项卡，单击"编辑规则"按钮，打开"搜索工具"对话框，如图9-15所示。

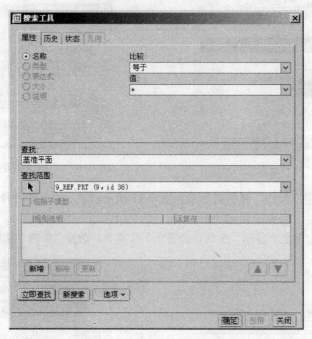

图9-15 "搜索工具"对话框

（10）单击"选项"按钮，在下拉菜单中选择"建立查询"命令，在查找列表中选择"基准平面"选项，单击"新增"按钮，然后在查找列表中选择"特征"选项，单击"新增"按钮，在规则说明列表框中的"运算符"中设置基准平面和特征之间的关系是"or"，如图9-16所示。

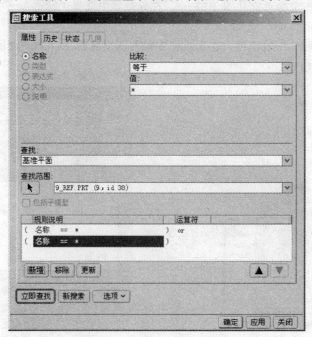

图9-16 "搜索工具"对话框

（11）单击"立即查找"按钮，在下面的列表框中显示当前查找到的基准面，单击"确定"
按钮，然后在"层属性"对话框的规则栏中显示规则，如图9-17所示。

（12）单击"确定"按钮，完成图层Datum的创建。

（13）在层树中选择Datum图层，单击右键，弹出快捷菜单选择"遮蔽层"命令，如图9-18
所示。

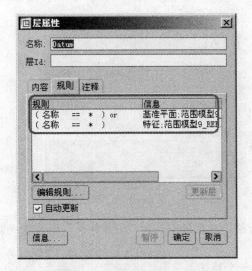

图 9-17 "层属性"对话框

图 9-18 "遮蔽层"命令

（14）选择"视图"→"重画"命令调整画面，3个参考零件的基准面及坐标系在画面中
隐藏，如图9-19所示。

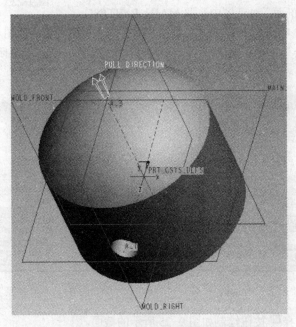

图 9-19 隐藏基准面及坐标系

9.3.3　创建毛坯

创建毛坯的步骤如下：

（1）在菜单管理器中选择"创建工件"→"手动"命令，如图 9-20 所示。

（2）在弹出的"元件创建"对话框中选择"零件"→"实体"，在名称栏中输入名称"9_wrk"，如图 9-21 所示。

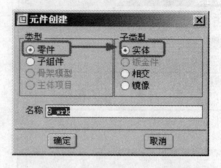

图 9-20　"创建工件"命令　　　　　　　图 9-21　"元件创建"对话框

（3）单击"确定"按钮，在弹出的"创建方法"对话框中选择"创建特征"单选项，如图 9-22 所示。

（4）单击"确定"按钮，开始创建毛坯的第一个特征，选择"实体"→"加材料"→"拉伸"→"实体"→"完成"命令，在特征创建工具栏上选择草绘图标，打开草绘功能。

图 9-22　"创建方法"对话框

（5）在弹出的"剖面"对话框中选取 MAIN_PARTING_PLN:F2 作为"顶"参考平面，选取 MOLD_FRONT 作为绘图平面，如图 9-23 所示。

（6）单击"草绘"命令，在弹出的"参照"对话框中，单击"关闭"按钮，如图 9-24 所示。

图 9-23　"剖面"对话框　　　　　　　　图 9-24　"参照"对话框

（7）在工作区选择□按钮绘制如图 9-25 所示的截面。

（8）单击✔按钮，完成草绘，选择标准方向，单击"选项"按钮，设置侧面均为"盲孔"，如图 9-26 所示。

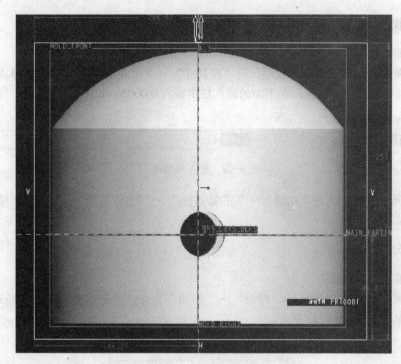

图 9-25　绘制截面

（9）设置拉伸长度，单击 ✔ 按钮，完成毛坯设计，单击"完成/返回"按钮，在工作区显示毛坯，如图 9-27 所示。

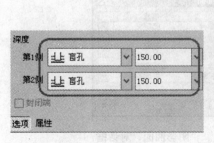

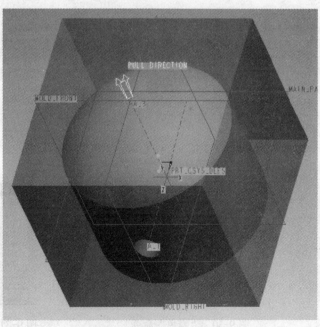

图 9-26　设置盲孔　　　　　　　　　　　　　　图 9-27　显示毛坯

9.3.4　设置收缩率

设置收缩率的步骤如下：

（1）在菜单管理器中选择"收缩"→"按尺寸"→"设置/复位"命令，选择"所有尺寸"后，会弹出参考零件的工作区，在下面的输入栏中输入 0.0005，如图 9-28 所示。

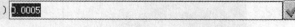

图 9-28　输入收缩率

（2）单击 ✓ 按钮，选择"完成"→"完成/返回"→"完成/返回"命令，回到模具菜单下，完成收缩的设置。

9.3.5　建立分模面

建立分模面的步骤如下：

（1）在菜单管理器中选择"分模面"→"创建"命令，在弹出的对话框中输入分模面名称 PART_SURF_9，如图 9-29 所示。

图 9-29　输入分模面名称

（2）单击"确定"按钮，选择"增加"→"着色"→"完成"命令，如图 9-30 所示。

（3）这样将弹出"阴影曲面"对话框，系统会自动完成阴影曲面的设置，如图 9-31 所示。

图 9-30　"着色"命令

图 9-31　"阴影曲面"对话框

（4）单击"确定"按钮，然后选择菜单管理器下的"完成/返回"命令，遮蔽掉毛坯后，分模面如图 9-32 所示。

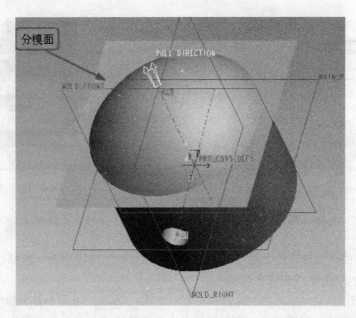

图 9-32　显示分模面

9.3.6　建立滑块分模面

建立滑块分模面的步骤如下：

（1）在菜单管理器中选择"分型面"→"创建"命令，在弹出的对话框中输入分模面名称"PART_SURF_LK_1"，如图 9-33 所示。

（2）单击"确定"按钮，选择"增加"→"拉伸"→"完成"命令，如图 9-34 所示。

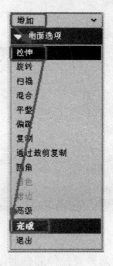

图 9-33　"分型面名称"对话框　　　　　　　　　　图 9-34　"拉伸"命令

（3）这样将弹出"拉伸"对话框，如图 9-35 所示，要求逐项设置。

（4）设置属性为"单侧"→"开放终点"→"完成"命令，如图 9-36 所示。

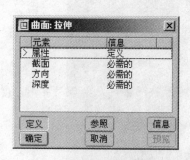

图 9-35　"拉伸"对话框

图 9-36　属性设置命令

　　技巧："单侧"是指只能向一侧拉伸；"开放终点"表示拉伸没有限制点，可以无限向一个方向拉伸。

　　（5）在弹出的"设置草绘"对话框中选择毛坯的前端为绘图平面，选择绘图方向为"正向"，绘制如图 9-37 所示的拉伸平面。

　　注意："正向"表示拉伸方向和箭头指示方向一致，"反向"表示和箭头指示方向相反。

　　（6）单击 ✔ 按钮，完成草绘，在弹出的命令栏中选择"至曲面"→"完成"命令，如图9-38 所示。

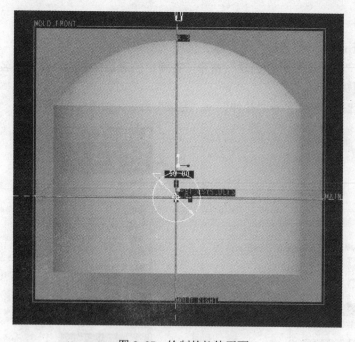

图 9-37　绘制的拉伸平面

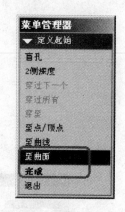

图 9-38　设置拉伸命令

　　（7）选择要拉伸的曲面如图 9-39 所示，为参考零件的内凹面。

　　（8）单击"确定"按钮，完成拉伸面的创建，如图 9-40 所示。

　　（9）选择"增加"→"平整"→"完成"命令，弹出"曲面：平整"对话框，如图 9-41所示。

　　（10）绘制如图 9-42 所示的平整面。

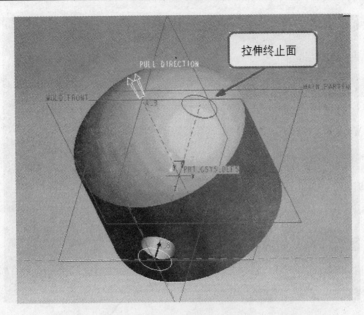

图 9-39 拉伸终止面

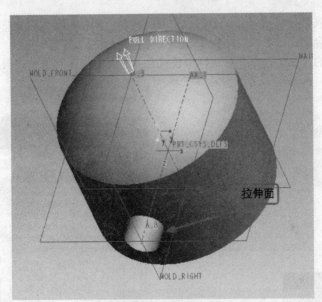

图 9-40 拉伸面

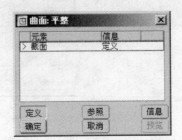

图 9-41 "曲面：平整"对话框

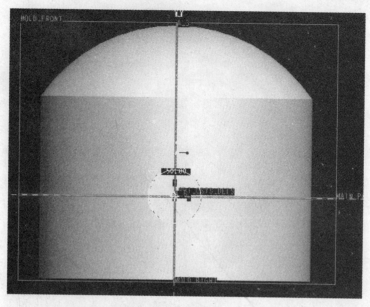

图 9-42 　绘制的平整面

（11）单击 ✔ 按钮，完成草绘。单击"曲面：平整"对话框的"确定"按钮。

（12）选择"合并"命令，如图 9-43 所示。

（13）在弹出的"曲面合并"对话框中设置合并的面为创建的平整曲面，如图 9-44 所示。

图 9-43 　"合并"命令

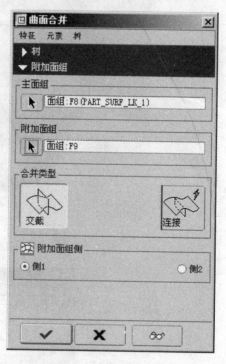

图 9-44 　"曲面合并"对话框

（14）选择"连接"命令，在"附加面组侧"单选框下选择"侧 2"，在工作区显示连接的效果如图 9-45 所示。

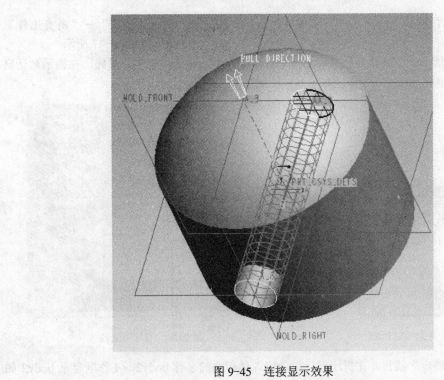

图 9-45 连接显示效果

技巧：观察工作区显示选择要合并的面侧，特别注意平整面也是分两个面侧的。

（15）单击 ✔ 按钮，完成曲面连接，同时也完成滑块分模面的建立，如图 9-46 所示。

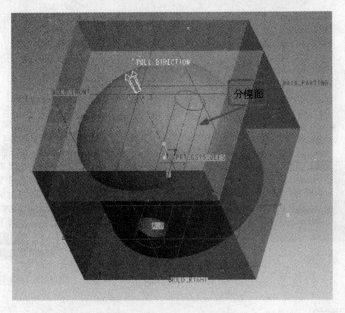

图 9-46 完成滑块分模面

9.3.7 以分模面拆模

以分模面拆模的步骤如下：

（1）在菜单管理器中选择"模具体积块"→"分割"→"两个体积块"→"所有工件"→"完成"命令，表示切成两个体积块，这样弹出"分割"对话框，如图 9-47 所示。

（2）选择步骤 9.3.5 所建立的分模面作为分模面，然后单击"确定"按钮，在提示对话框中输入体积块的名称 body1，工作区显示 body1 如图 9-48 所示。

图 9-47   "分割"对话框

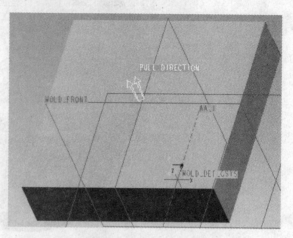

图 9-48   显示 body1

（3）单击"确定"按钮，在提示对话框中输入体积块的名称 body2，工作区显示 body2 如图 9-49 所示。

（4）单击"确定"按钮，模型树显示如图 9-50 所示，表示建立成功。

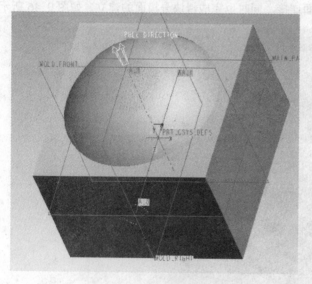

图 9-49   显示 body2

图 9-50   模型树显示分割件

9.3.8   以滑块分模面生成滑块

以滑块分模面生成滑块的步骤如下：

（1）在菜单管理器中选择"模具体积块"→"分割"→"两个体积块"→"模具体积块"→"完成"命令，这样系统就弹出"搜索工具"对话框要求选择要分割的元件，如图 9-51 所示。

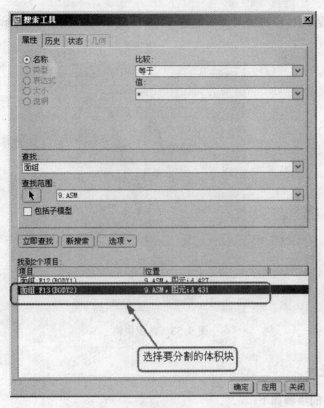

图 9-51 "搜索工具"对话框

技巧：这里要选择"模具体积块"而不是"所有工件"，表示把某一个模具体积块再进行分割。

（2）然后根据系统提示选择步骤 9.3.6 所建立的滑块分模面作为分模面，根据对话框中提示输入体积块的名称 body3，工作区显示体积块 body3 如图 9-52 所示。

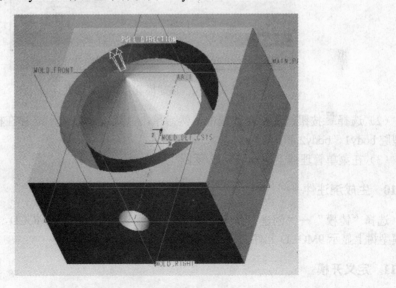

图 9-52 体积块 body3

（3）单击"确定"按钮，根据对话框中输入体积块的名称销，工作区显示体积块销如图9-53所示。

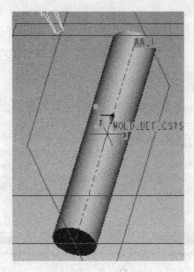

图 9-53　体积块销

9.3.9　创建模具元件

创建模具元件的步骤如下：

（1）选择"模具元件"→"抽取"命令，弹出"创建模具元件"对话框，如图9-54所示。

图 9-54　"创建模具元件"对话框

（2）选择▊按钮，表示全部选中，然后单击"确定"按钮，这样在模型树上就出现创建的型腔 body1、body2 和销。

（3）在菜单管理器上选择"完成/返回"命令返回。

9.3.10　生成浇注件

选择"铸模"→"创建"命令，在提示对话框中输入名称 9MOLD，然后单击✔按钮，在模型树上显示 9MOLD 元件，完成浇注件的创建。

9.3.11　定义开模

定义开模的步骤如下：

（1）在模型树上利用 Ctrl+鼠标左键的方法选中参考件 9_REF、毛坯 9_WRK 及分模面的节点后单击鼠标右键，选择遮蔽命令，将参考件、毛坯和分模面隐藏，工作区显示如图 9-55 所示。

（2）单击"模具进料孔"→"定义间距"→"定义移动"命令，开始打开模具的移动设置，如图 9-56 所示。

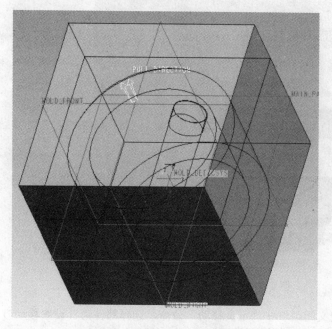

图 9-55　隐藏后的工作区显示　　　　　　　图 9-56　"定义移动"命令

（3）选择部件 body1，然后选择移动的方向，选择向上，如图 9-57 所示。

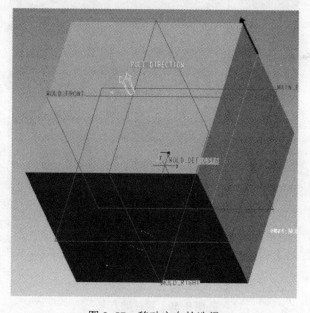

图 9-57　移动方向的选择

（4）输入移动的距离，然后单击 按钮，再单击"完成"命令，在工作区显示开模，如图 9-58 所示。

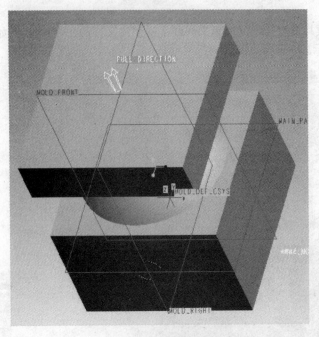

图 9-58　开模显示

（5）"模具进料孔"→"定义间距"→"定义移动"命令，选择部件销，设置移动方向，如图 9-59 所示。

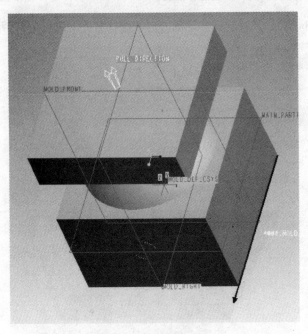

图 9-59　销移动方向

（6）输入移动的距离，然后单击 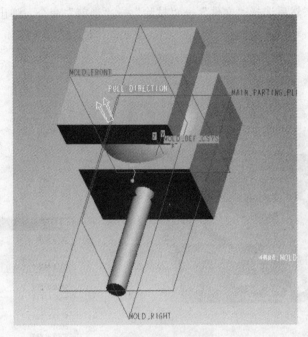 按钮，再单击"完成"命令，在工作区显示移动如图 9-60 所示。

图 9-60　移动显示

（7）选择"模具进料孔"→"定义间距"→"定义移动" 命令，选择部件 body3，设置移动方向如图 9-61 所示。

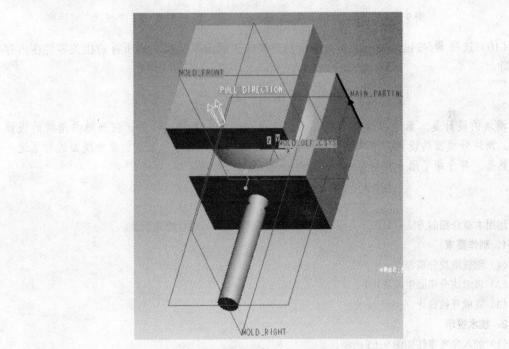

图 9-61　body3 移动方向

（8）输入移动的负值距离，表示向下移动，然后单击 ✓ 按钮，再单击"完成"命令，在工作区显示移动如图 9-62 所示，即为开模最终效果图。

（9）保存文件，然后选择"文件"→"拭除"→"当前"命令，弹出"拭除"对话框，如图 9-63 所示。

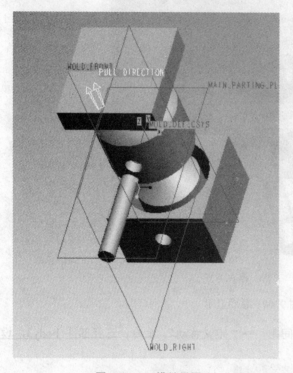

　　图 9-62　开模效果图　　　　　　　　图 9-63　"拭除"对话框

（10）选择 ▤ 按钮，表示选中全部，然后单击"确定"按钮，将所有的相关零件在内存中删除。

本 章 小 结

滑块的设计是本章学习的目的和重点。读者在进行本章的学习后，应当熟悉滑块的设计步骤、滑块分模面的设计、滑块的开模设计。此外，本章还对着色方法创建分模面进行了进一步的熟悉，并介绍了用合并曲面的方法产生分模面。

练 习 题

运用本章介绍的方法对如图 9-64 所示的零件（小型秤砝码）进行模具设计。

1. 制作要求

（1）创建滑块分模面。

（2）以滑块分模面生成滑块。

（3）完成开模设计。

2. 技术提示

（1）加入参考零件如图 9-65 所示。

（2）利用草绘创建毛坯，如图 9-66 所示。

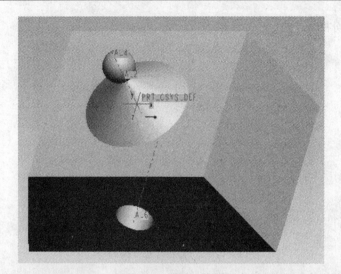

图 9-64　零件效果图

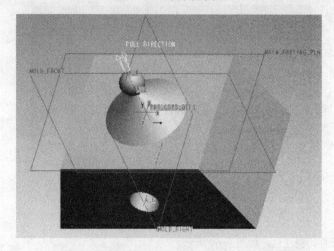

图 9-65　加入参考零件

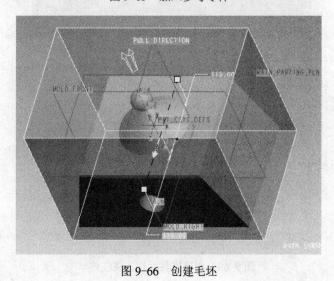

图 9-66　创建毛坯

（3）创建着色分模面，如图 9-67 所示。

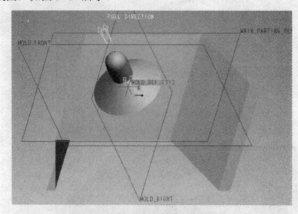

图 9-67   创建着色分模面

（4）用复制、延拓的方法创建滑块分模面，如图 9-68 所示。

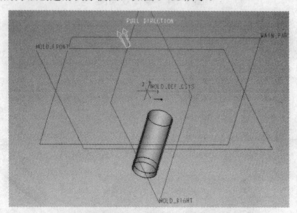

图 9-68   创建滑块分模面

（5）创建模具元件、浇注件，如图 9-69 所示。

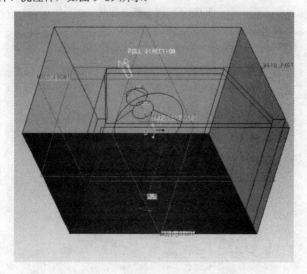

图 9-69   创建模具元件、浇注件

（6）定义开模过程，开模显示如图 9-70 所示，即为最终效果。

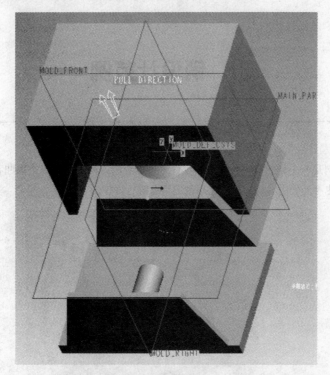

图 9-70　开模效果

10 销设计范例

实 例 概 述

本章讲解的实例是一个如图 10-1 所示的零件。可以看出，此零件有一个内凹孔，并且没有直接向外的通孔，所以也不能使用滑块，可以选用销的帮助进行拆模。

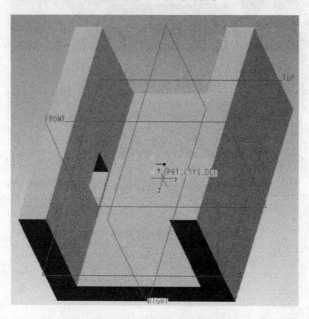

图 10-1　零件效果图

10.1　本章重点与难点

10.1.1　销设计关键技术

在进行模具设计的过程中，由于很多零件都有内凹孔，而且内凹口是向内的，无法用加滑块的方法进行设计，因此选用销来进行辅助设计。销的设计步骤和滑块的设计步骤相似，主要有：

（1）建立销分模面；

（2）用销分模面生成销。这一步骤跟滑块的方法类似，都是通过平面把体积块分割开；

（3）生成浇注件。把包括销的所有零件都浇注成铸件；

（4）开模。开模时销作为独立的零件进行移动，一般和型腔的移动方向不同。

10.1.2 利用岛进行选择设计

在模具设计中，用分模面分割体积块后，如果出现几个互不连接的体积，系统就会出现岛列表菜单，如图 10-2 所示。这时必须分别选定不同的岛进行操作。

图 10-2 岛列表菜单

10.2 制作流程

模具设计最终效果图如图 10-3 所示，在表 10-1 中将给出创建的基本流程。

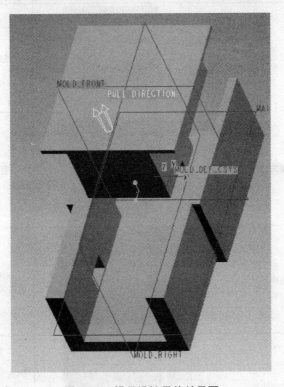

图 10-3 模具设计最终效果图

表 10-1 基本流程

步骤	操作内容	显示结果	操作方法及提示
1	建立模具文件		设置工作目录创建新文件
2	建立模具模型		创建参考零件
3	创建毛坯		利用草绘直接绘制毛坯
4	创建分模面		创建着色分模面
5	创建销分模面		直接做出平整分模面
6	创建模具元件		利用分模面与销分模面分割创建模具元件
7	生成浇注件		直接生成浇注件

续表 10-1

步　骤	操　作　内　容	显　示　结　果	操作方法及提示
8	定义开模	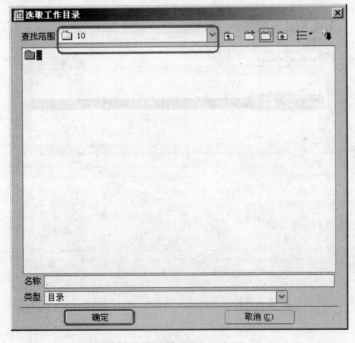	先移动其他模具元件,最后移动销

10.3 实例制作

10.3.1 建立 Mold 文件

建立 Mold 文件的步骤如下:

(1)新建一个文件夹,命名为"10",把零件"10.prt"拷贝进文件夹,此零件即为本章要处理的零件。

(2)进入 Pro/E 系统。

(3)选择"文件"→"设置工作目录"命令,在"选取工作目录"对话框中选择工作目录为"10"文件夹所在的目录,如图 10-4 所示,单击"确定"按钮完成设置。

图 10-4　"选取工作目录"对话框

(4)选择"文件"→"新建"命令,在弹出的"新建"对话框的"类型"选项组中选择"制造"单选按钮,在"子类型"选项组中选择"模具型腔"单选按钮,如图 10-5 所示,在名称栏中输入"10",取消"使用缺省模板"复选框,单击"确定"按钮。

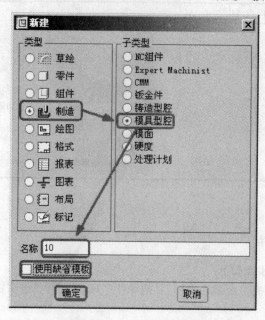

图 10-5　"新建"对话框

(5) 在弹出的"新文件选项"对话框中选择 mmns_mfg_mold,表示使用毫米制,单击"确定"按钮,如图 10-6 所示。

图 10-6　"新文件选项"对话框

(6) 这样在工作区显示坐标系 MOLD_DEF_CSYS 及基准面 MOLD_FRONT、MOLD_RIGHT 和 MAIN_PARTING_PLN,如图 10-7 所示。

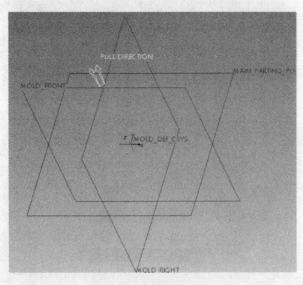

图 10-7　显示坐标系

10.3.2　建立模具模型

建立模具模型的步骤如下：

（1）在菜单管理器中选择"模具"→"模具模型"→"装配"→"参考模型"命令，在弹出的对话框中选择工件"10.prt"，作为参考零件，如图 10-8 所示。

图 10-8　打开参考文件

（2）单击"打开"按钮，在工作区显示零件，如图 10-9 所示。

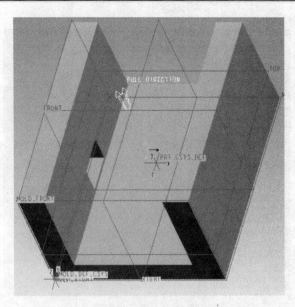

图 10-9　显示零件

（3）在弹出的"元件放置"对话框中，将连接属性设为"缺省"，如图 10-10 所示。

（4）单击"确定"按钮，弹出的"创建参照模型"对话框中输入参考件的名称"10_REF"，如图 10-11 所示。

图 10-10　"元件放置"对话框

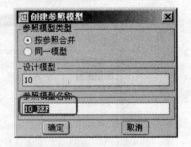

图 10-11　"创建参照模型"对话框

（5）单击"确定"按钮，模型树显示如图 10-12 所示，表示完成参考件的创建。

下面将新建图层，隐藏零件基准面。

（6）在导航器上单击"显示"按钮，会显示下拉菜单，选择"层树"选项，如图 10-13 所示。

图 10-12　模型树

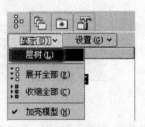

图 10-13　"层树"选项

（7）在层树中指定参考零件 10_REF.prt，在导航器中选择"编辑"→"新建层"命令，如图 10-14 所示。

（8）弹出"层属性"对话框，在名称栏中输入图层名称 Datum，表示隐藏的是零件的基准平面，如图 10-15 所示。

图 10-14　"新建层"命令

图 10-15　"层属性"对话框

（9）选择"规则"选项卡，单击"编辑规则"按钮，打开"搜索工具"对话框，如图 10-16 所示。

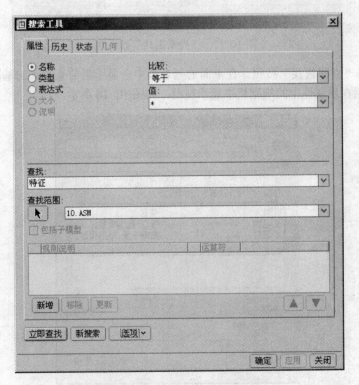

图 10-16　"搜索工具"对话框

（10）单击"选项"按钮，在下拉菜单中选择"建立查询"命令，在查找列表中选择"基准平面"选项，单击"新增"按钮，然后在查找列表中选择"特征"选项，单击"新增"按钮，在规则说明列表框中的"运算符"中设置基准平面和特征之间的关系是"or"，如图 10-17 所示。

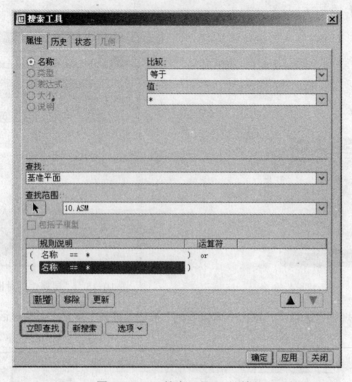

图 10-17　"搜索工具"对话框

（11）单击"立即查找"按钮，在下面的列表框中会显示当前查找到的基准面，单击"确定"按钮，然后在层属性中的规则栏中显示规则，如图 10-18 所示。

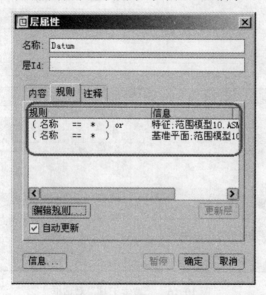

图 10-18　"层属性"对话框

（12）单击"确定"按钮，完成图层 Datum 的创建。

（13）在层树中选择 Datum 图层，单击右键，弹出快捷菜单选择"遮蔽层"命令，如图 10-19 所示。

（14）选择"视图"→"重画"命令调整画面，三个参考零件的基准面及坐标系在画面中隐藏，如图 10-20 所示。

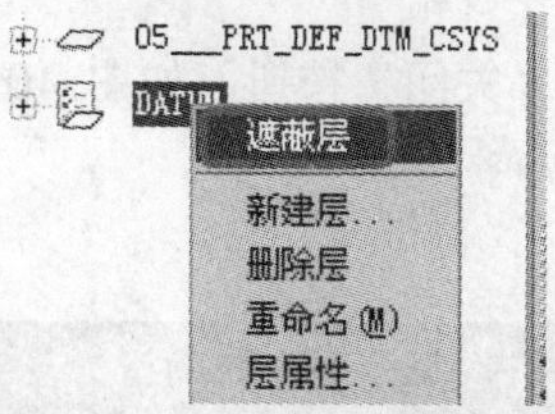

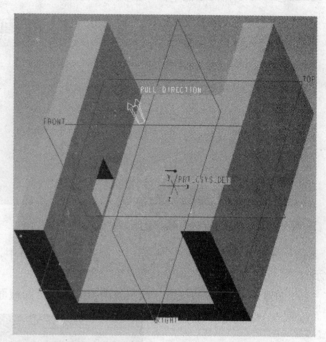

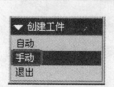

图 10-19 "遮蔽层"命令

图 10-20 隐藏坐标系

10.3.3 创建毛坯

创建毛坯的步骤如下：

（1）在菜单管理器中选择"创建工件"→"手动"命令，如图 10-21 所示。

（2）在弹出的"元件创建"对话框中选择"零件"→"实体"，在名称栏中输入名称"10_wrk"，如图 10-22 所示。

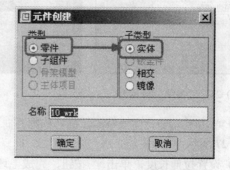

图 10-21 "创建工件"命令

图 10-22 "元件创建"对话框

（3）单击"确定"按钮，在弹出的"创建方法"对话框中选择"创建特征"单选项，如

图 10-23 所示。

（4）单击"确定"按钮，开始创建毛坯的第一个特征，选择"实体"→"加材料"→"拉伸"→"实体"→"完成"命令，在特征创建工具栏上选择草绘图标 ，打开草绘功能。

（5）在弹出的"剖面"对话框中选取 MAIN_PARTING_PLN:F2 作为"顶"参考平面，选取 MOLD_FRONT 作为绘图平面，如图 10-24 所示。

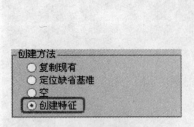

图 10-23　"创建方法"对话框　　　　　　　　图 10-24　"剖面"对话框

（6）单击"草绘"命令，在弹出的"参照"对话框中，单击"关闭"按钮，如图 10-25 所示。

（7）在工作区选择 □ 按钮，绘制如图 10-26 所示的截面。

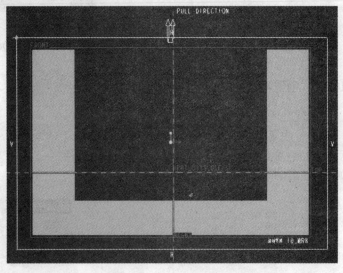

图 10-25　"参照"对话框　　　　　　　　　　图 10-26　草绘截面

（8）单击 ✔ 按钮，完成草绘，选择标准方向，单击"选项"按钮，设置侧面均为"盲孔"，如图 10-27 所示。

（9）设置拉伸长度，单击 ✔ 按钮，完成毛坯设计，单击"完成/返回"按钮，在工作区显示毛坯，如图 10-28 所示。

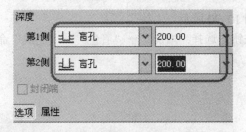

图 10-27 设置"盲孔"

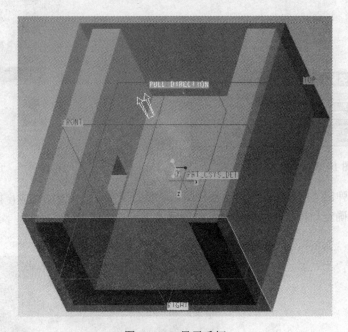

图 10-28 显示毛坯

10.3.4 设置收缩率

设置收缩率步骤如下:

（1）在菜单管理器中选择"收缩"→"按尺寸"→"设置/复位"命令，选择"所有尺寸"后，会弹出参考零件的工作区，在下面的输入栏中输入 0.0005，如图 10-29 所示。

● 收缩率将用于设置尺寸收缩。
↪ 为所有范围输入收缩率'S'（公式：1 + S ）0.0005

图 10-29 输入收缩率

（2）单击 ✓ 按钮，选择"完成"→"完成/返回"→"完成/返回"命令，回到模具菜单下，完成收缩的设置。

10.3.5 建立分模面

建立分模面步骤如下:

（1）在菜单管理器中选择"分型面"→"创建"命令，在弹出的对话框中输入分模面名称 PART_SURF_10，如图 10-30 所示。

（2）单击"确定"按钮，选择"增加"→"着色"→"完成"命令，如图 10-31 所示。

图 10-30　输入分模面名称　　　　　　　　图 10-31　"着色"命令

（3）这样将弹出"阴影曲面"对话框，阴影曲面的设置系统会自动完成，如图 10-32 所示。

（4）单击"确定"按钮，然后选择菜单管理器下的"完成/返回"命令，分模面如图 10-33 所示。

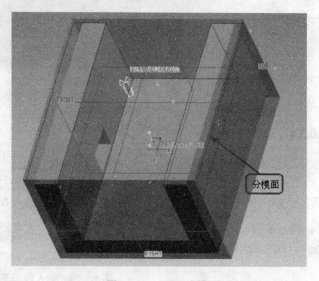

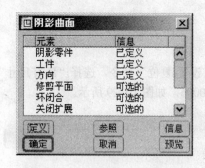

图 10-32　"阴影曲面"对话框　　　　　　图 10-33　显示分模面

　　注意：从图 10-33 可以看出，分模面是一个完整的曲面，并且没有考虑内凹孔。如果只以这样的分模面分模，内凹孔将无法和下模分开。

10.3.6　建立销分模面

建立销分模面的步骤如下：

（1）在菜单管理器中选择"分型面"→"创建"命令，在弹出的对话框中输入分模面名称 PART_SURF_XK_1，如图 10-34 所示。

（2）单击"确定"按钮，选择"增加"→"平整"→"完成"命令，如图 10-35 所示。

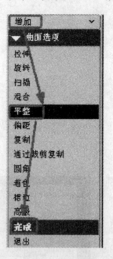

图 10-34 输入销分模面名称   图 10-35 "平整"命令

（3）这样将弹出"曲面：平整"对话框，如图 10-36 所示，要求逐项设置。

（4）选取如图 10-37 所示的面作为截面的草绘平面。

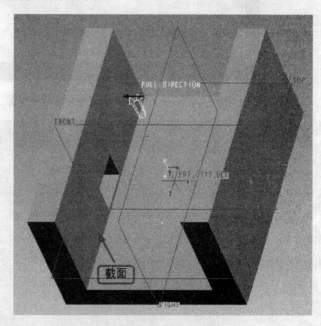

图 10-36 "曲面：平整"对话框   图 10-37 截面

（5）选择绘图方向为"正向"，选取内凹孔的边界为参考，如图 10-38 所示。

技巧：选取孔的四条边界作为参考，绘制的平整面的四条边界也随之确定。

（6）单击"关闭"命令，绘制如图 10-39 所示的平面。

（7）单击 ✓ 按钮，完成草绘，在"平整"对话框上显示截面已定义，单击"确定"按钮，完成平整面的创建，如图 10-40 所示，此平整面即为销分模面。

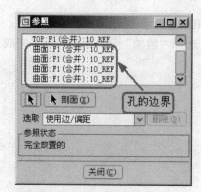

图 10-38 参考线

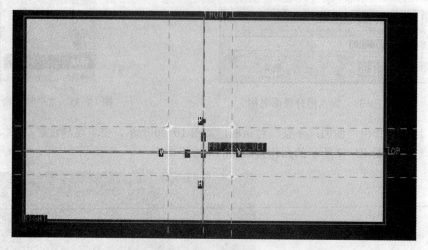

图 10-39 绘制平面

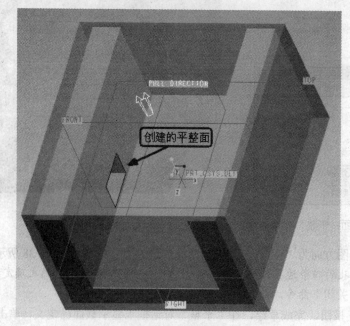

图 10-40 平整面

技巧：创建这个平整面还有一个方法，就是用直接拉伸线段成平面方法，这种方法也需要选择四条边界为参考。

10.3.7 以分模面拆模

以分模面拆模的步骤如下：

（1）在菜单管理器中选择"模具体积块"→"分割"→"两个体积块"→"所有工件"→"完成"命令，表示切成两个体积块，这样弹出"分割"对话框，如图 10-41 所示。

（2）选择步骤 10.3.5 所建立的分模面作为分模面，系统会自动弹出"菜单管理器"对话框，如图 10-42 所示，用鼠标分别移动到岛列表各选项上，可以看出：岛 1——上方的模块，岛 2——下方的模块，岛 3——分模面上方与参考零件所包围的区域，即零件的内孔区域。

图 10-41 "分割"对话框

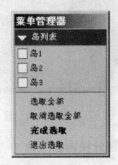

图 10-42 岛列表显示

（3）选择"岛 1"，则岛 1 的体积为一个型腔，毛坯去掉岛 1 以后的是另外一个毛坯，选择"完成选取"命令。

（4）单击"确定"按钮，选择"着色"命令，工作区显示分割生成的体积块如图 10-43 所示，根据提示输入体积块的名称"body1"。

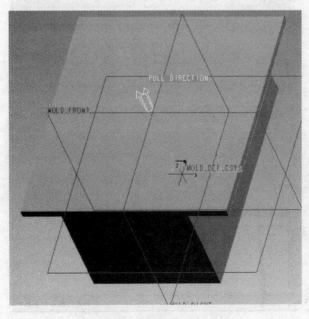

图 10-43 显示 body1

（5）单击"确定"按钮，系统弹出输入另一块的名称，单击"着色"按钮，如图 10-44 所示，根据提示输入体积块的名称"body2"。

（6）单击"确定"按钮，模型树中显示分割件如图 10-45 所示，表示建立成功。

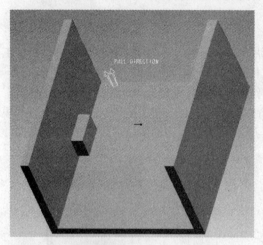

图 10-44　显示 body2

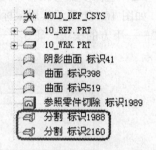

图 10-45　模型树显示分割件

10.3.8　以销分模面生成销

以销分模面生成销的步骤如下：

（1）在菜单管理器中选择"模具体积块"→"分割"→"两个体积块"→"模具体积块"→"完成"命令，这样系统就弹出"搜索工具"对话框，要求选择要分割的元件，如图 10-46 所示。

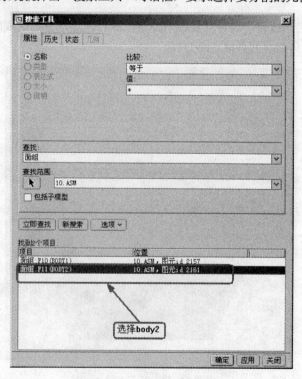

图 10-46　"搜索工具"对话框

（2）然后根据系统提示，选择步骤 10.3.6 所建立的销分模面作为分模面，单击"确定"按钮，根据对话框中提示输入体积块的名称 body3，工作区显示 body3，如图 10-47 所示。

（3）单击"确定"按钮，根据对话框中提示输入体积块的名称 body4，工作区显示 body4如图 10-48 所示，这就是设计的销。

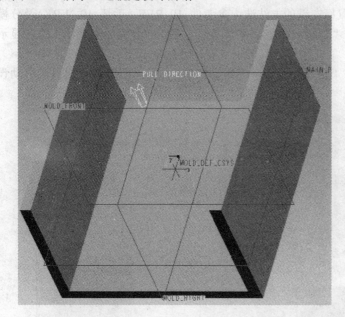

图 10-47　体积块 body3

图 10-48　销显示

10.3.9　创建模具元件

创建模具元件的步骤如下：

（1）选择"模具元件"→"抽取"命令，弹出"创建模具元件"对话框，如图 10-49 所示。

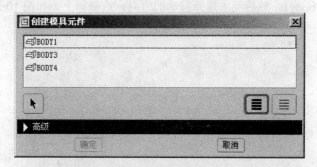

图 10-49　"创建模具元件"对话框

（2）选择█按钮，表示全部选中，然后单击"确定"按钮，这样在模型树上就出现创建的型腔 body1、body3 和 body4。

（3）在菜单管理器上选择"完成/返回"命令返回。

10.3.10　生成浇注件

选择"铸模"→"创建"命令，在提示对话框中输入名称 10MOLD，然后单击✔按钮，在模型树上显示 10MOLD 元件，完成浇注件的创建。

10.3.11 定义开模

定义开模的步骤如下：

（1）在模型树上利用 Ctrl+鼠标左键的方法选中参考件 10_REF、毛坯 10_WRK 及分模面的节点后单击鼠标右键，选择"遮蔽"命令，将参考件、毛坯和分模面隐藏，工作区显示如图 10-50 所示。

（2）单击"模具进料孔"→"定义间距"→"定义移动"命令，开始打开模具的移动设置，如图 10-51 所示。

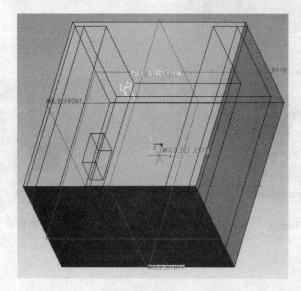

图 10-50　隐藏工作区显示　　　　　　　　　图 10-51　移动设置命令

（3）选择部件 body1，然后要求选择移动的方向，选择向上，如图 10-52 所示。

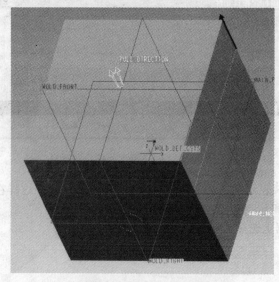

图 10-52　选择移动方向

（4）输入移动的距离，然后单击 ✓ 按钮，再单击"完成"命令，在工作区显示开模如图
10-53 所示。

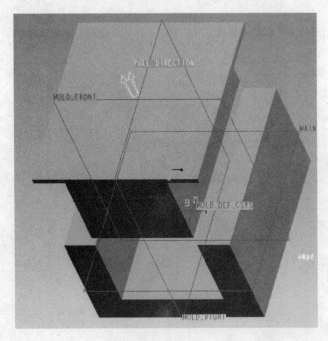

图 10-53 开模显示

（5）单击"模具进料孔"→"定义间距"→"定义移动"命令，选择部件 10MOLD，设
置移动方向如图 10-54 所示。

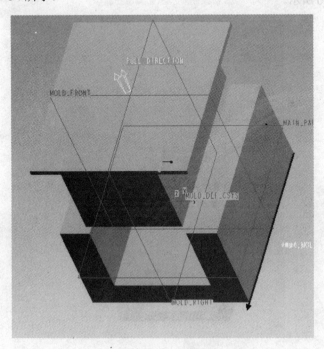

图 10-54 10MOLD 移动方向

（6）输入移动的距离，然后单击 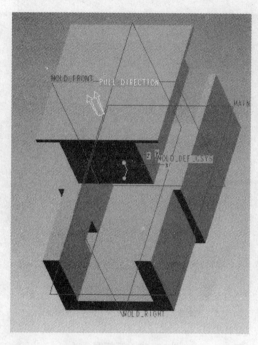 按钮，再单击"完成"命令，在工作区显示移动如图10-55 所示。

图 10-55　移动显示

（7）选择"模具进料孔"→"定义间距"→"定义移动"命令，选择部件 body4，设置移动方向如图 10-56 所示。

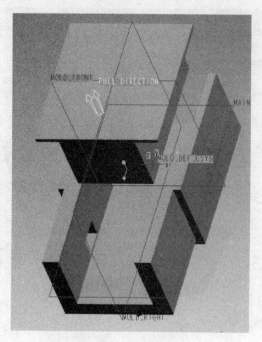

图 10-56　body4 移动方向

（8）输入移动的距离，单击✔按钮，再单击"完成"命令，在工作区显示移动如图 10-57 所示，可见销的位置并不明显，可以进一步开模。

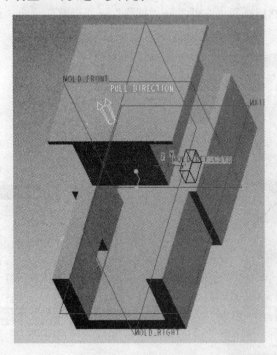

图 10-57　移动 body4

（9）选择"模具进料孔"→"定义间距"→"定义移动" 命令，选择部件 body4，设置移动方向如图 10-58 所示。

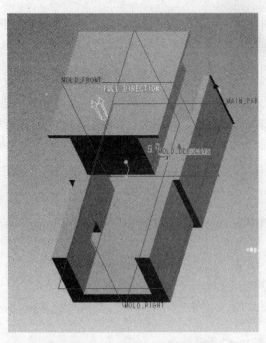

图 10-58　body4 移动方向

（10）输入移动的距离，然后单击 按钮，再单击"完成"命令，在工作区显示移动如图 10-59 所示，就是开模最终图。

（11）保存文件，然后选择"文件"→"拭除"→"当前"命令，弹出"拭除"对话框，如图 10-60 所示。

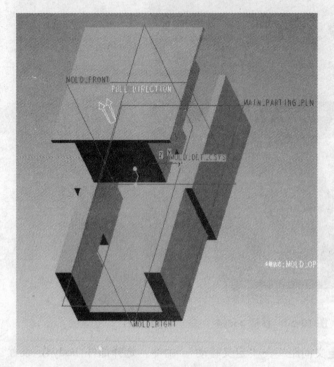

图 10-59 移动 body4

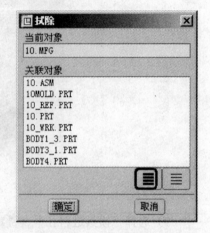

图 10-60 "拭除"对话框

（12）选择 按钮，表示选中全部，然后单击"确定"按钮，将所有的相关零件在内存中删除。

本 章 小 结

销的设计是本章学习的目的和重点。读者在进行完本章的学习后，应当熟悉销的设计步骤、销分模面的设计、销的开模设计。本章同时介绍了岛的操作，以及进一步开模操作。

到本章结束，模具设计的关键技术都已讲述完毕，下面将开始介绍用 Pro/E 的装配模式进行模具设计。

练 习 题

运用本章介绍的方法对如图 10-61 所示的零件进行模具设计。

1. 制作要求

（1）创建销分模面。

（2）以销分模面生成销。

（3）完成开模设计。

2. 技术提示

（1）加入参考零件如图 10-62 所示。

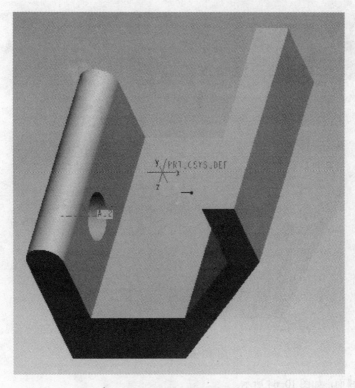

图 10-61 零件效果图

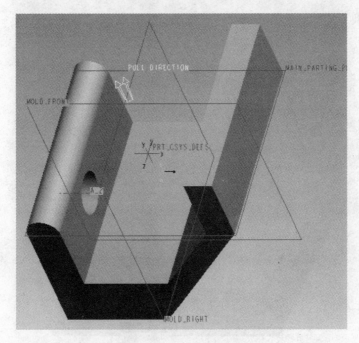

图 10-62 加入参考零件

（2）利用草绘创建毛坯，如图 10-63 所示。

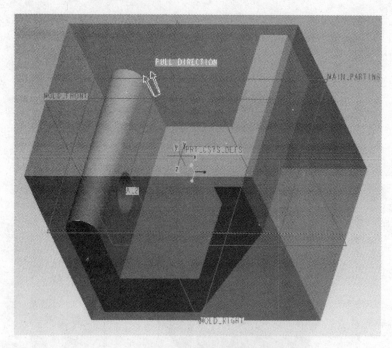

图 10-63　创建毛坯

（3）创建分模面，如图 10-64 所示。

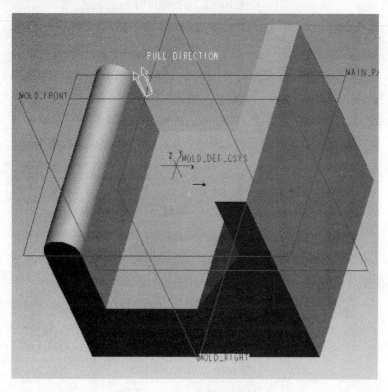

图 10-64　创建分模面

（4）创建销分模面，如图 10-65 所示。

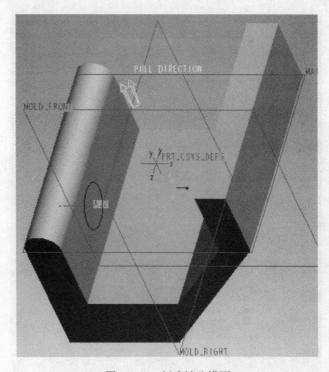

图 10-65　创建销分模面

（5）创建模具元件、浇注件，如图 10-66 所示。

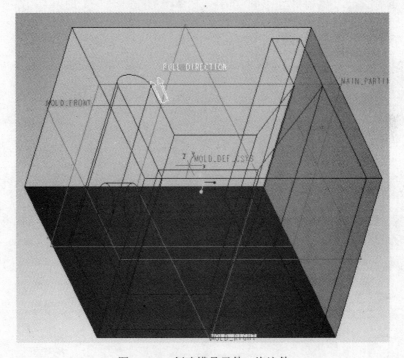

图 10-66　创建模具元件、浇注件

（6）定义开模过程，开模显示如图10-67所示，即为最终效果。

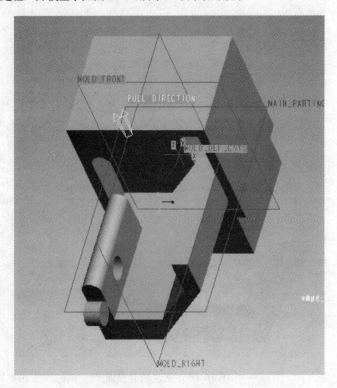

图10-67 开模效果

11 以配合方式装配模具范例

实 例 概 述

前面讲述的是用 Pro/E 的模具模块进行模具设计，而本章讲述的是用 Pro/E 装配模块进行设计。本章讲解的实例是一个如图 11-1 所示的零件。

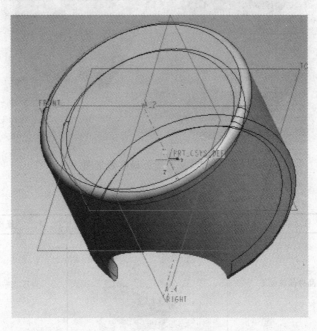

图 11-1　零件效果图

11.1　本章重点与难点

装配模块是 Pro/E 的一个重要模块，它可以将零件和子装配件组合成装配件，然后对该装配件进行修改、分析或重新定向。装配模块创建模具模型，其实就是创建出模具的上型腔、下型腔、浇注件等零件，利用配合件装配的一般步骤如下：

（1）设置成品件的收缩率；

（2）建立模具的装配件；

（3）构建模块的实体模型；

（4）建立分模面；

（5）建立模穴；

（6）建立浇注系统；

（7）模具生成。

11.2　制作流程

模具设计最终效果图如图 11-2 所示。在表 11-1 中将给出创建的基本流程。

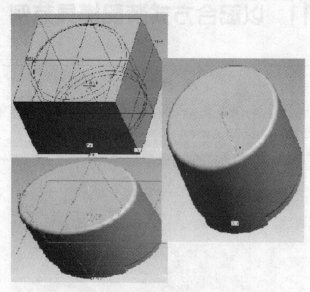

图 11-2　模具设计最终效果图

表 11-1　基本流程

步　骤	操 作 内 容	显 示 结 果	操作方法及提示
1	设置成品件的收缩率		直接收缩零件
2	建立模具的装配件		通过参考零件创建
3	创建模具实体模型		利用草绘拉伸创建两个实体
4	创建分模面		用复制、延拓曲面的方法创建分模面

步　骤	操 作 内 容	显 示 结 果	操作方法及提示
5	建立下模		利用分模面去除材料获得
6	建立上模		利用分模面去除材料获得

11.3　实例制作

11.3.1　建立新目录

建立新目录的步骤如下：

（1）新建一个文件夹，命名为"11"，把零件"11.prt"拷贝进文件夹，此零件即为本章要处理的零件。

（2）进入 Pro/E 系统。

（3）选择"文件"→"设置工作目录"命令，在"选取工作目录"对话框中选择工作目录为"11"文件夹所在的目录，如图 11-3 所示，单击"确定"按钮完成设置。

图 11-3　"选取工作目录"对话框

11.3.2　设置成品件的收缩率

设置成品件收缩率的步骤如下：

（1）选取"文件"→"打开"命令，选取 11.prt 文件，再选择"打开"按钮，零件如图 11-4 所示。

（2）选择编辑菜单下选择"设置"命令，在弹出菜单管理器选择"收缩"→"按尺寸" →"所有尺寸"命令，如图 11-5 所示。

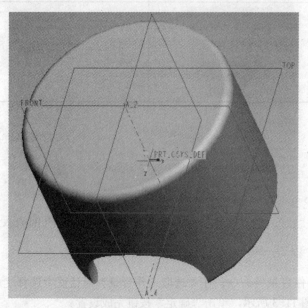

图 11-4　零件图

图 11-5　设置收缩率

技巧：在用模具模式进行设计时，要求设置收缩率；用配合方式进行模具设计，同样要设置收缩率，其实这两种设置收缩率是一致的，都是在零件模式下对零件进行收缩。

（3）输入"0.005"作为收缩率，单击 ✓ 按钮，然后选择"完成"命令。

下面将新建图层，隐藏零件基准面。

（4）在导航器上单击"显示"按钮，会显示下拉菜单，选择"层树"选项，如图 11-6 所示。

（5）在层树中指定参考零件 11.prt，在导航器中选择"编辑"→"新建层"命令，如图 11-7 所示。

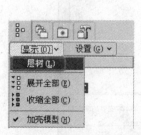

图 11-6　"层树"选项

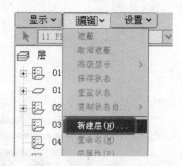

图 11-7　"新建层"命令

（6）弹出"层属性"对话框，在名称栏中输入图层名称 Datum，表示隐藏的是零件的基准平面，如图 11-8 所示。

图 11-8 "层属性"对话框

（7）选择"规则"选项卡，单击"编辑规则"按钮，打开"搜索工具"对话框，如图 11-9 所示。

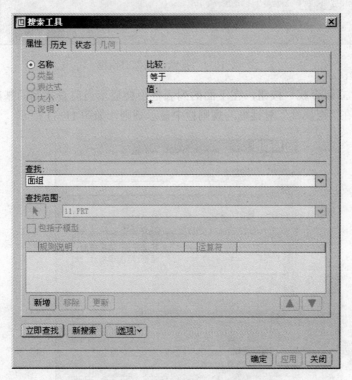

图 11-9 "搜索工具"对话框

（8）单击"选项"按钮，在下拉菜单中选择"建立查询"命令，在查找列表中选择"基准平面"选项，单击"新增"按钮，然后在查找列表中选择"特征"选项，单击"新增"按钮，在规则说明列表框中的"运算符"中设置基准平面和特征之间的关系是"or"，如图 11-10 所示。

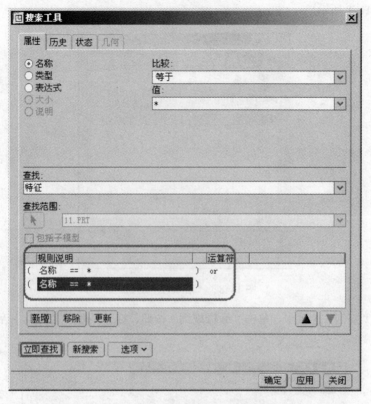

图 11-10   "搜索工具"对话框

（9）单击"立即查找"按钮，在下面的列表框中会显示当前查找到的基准面，单击"确定"按钮，然后在"层属性"对话框的规则栏中显示规则，如图 11-11 所示。

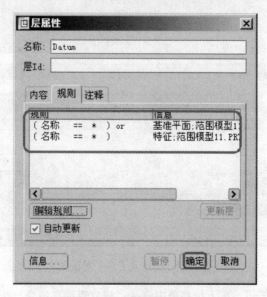

图 11-11   "层属性"对话框

（10）单击"确定"按钮，完成图层 Datum 的创建。

（11）在层树中选择 Datum 图层，单击右键，弹出快捷菜单选择"遮蔽层"命令，如图 11-12 所示。

（12）选择"视图"→"重画"命令调整画面，三个参考零件的基准面及坐标系在画面中隐藏，如图 11-13 所示。

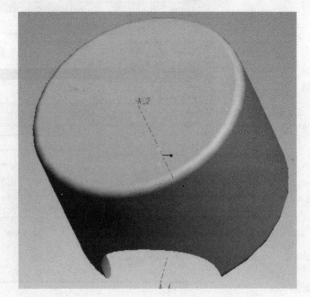

图 11-12 "遮蔽层"命令   图 11-13 隐藏坐标系

11.3.3 建立模具的装配件

建立模具的装配件步骤如下：

（1）选择"文件"→"新建"命令，在弹出的"新建"对话框的"类型"选项组中选择"组件"单选按钮，在"子类型"选项组中选择"设计"单选按钮，如图 11-14 所示，在名称栏下输入"11"，取消"使用缺省模板"复选框，单击"确定"按钮。

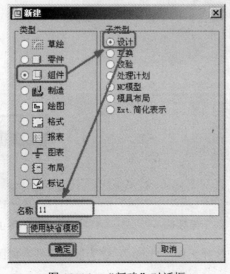

图 11-14 "新建"对话框

（2）在弹出的"新文件选项"对话框中选择 mmns_asm_design，表示使用毫米制，单击"确定"按钮，如图 11-15 所示。

图 11-15 "新文件选项"对话框

（3）这样在工作区显示坐标系 MOLD_DEF_CSYS 及基准面 MOLD_FRONT、MOLD_RIGHT 和 MAIN_PARTING_PLN，如图 11-16 所示。

（4）在菜单中选择"插入"→"元件"→"装配"命令，如图 11-17 所示。

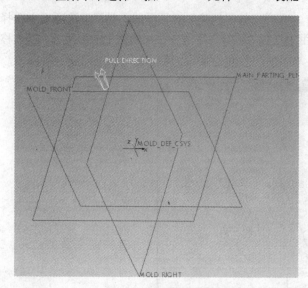

图 11-16 显示坐标系   图 11-17 "装配"命令

（5）在弹出的对话框中选择工件"11.prt"，作为装配零件，如图 11-18 所示。

图 11-18 打开参考文件

（6）单击"打开"按钮，在工作区显示零件，如图 11-19 所示。

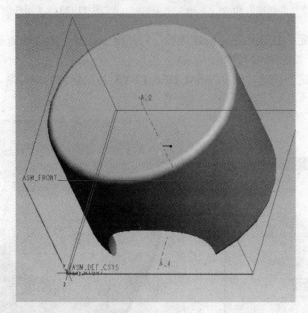

图 11-19 显示零件

（7）在弹出的"元件放置"对话框中，将连接属性设为"缺省"，如图 11-20 所示。

（8）单击"确定"按钮，模型树显示如图 11-21 所示，表示完成参考件的创建。

（9）在菜单中选择"插入"→"元件"→"创建"命令，如图 11-22 所示。

（10）这样将弹出"元件创建"对话框，选择"零件"→"实体"命令，输入名称

"11down.prt"，如图 11-23 所示。

图 11-20 "元件放置"对话框

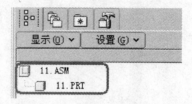

图 11-21 模型树

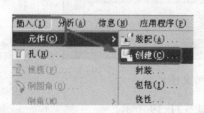

图 11-22 "创建"命令

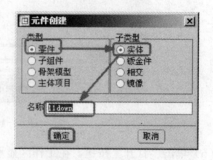

图 11-23 "元件创建"对话框

（11）单击"确定"按钮，在"创建选项"对话框中选择"定位缺省基准"→"对齐坐标系与坐标系"命令，如图 11-24 所示。

（12）单击"确定"按钮，选择 ASM_DEF_CSYS 为选配件的坐标系，装配件如图 11-25 所示。

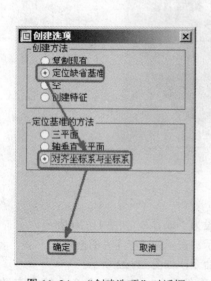

图 11-24 "创建选项"对话框

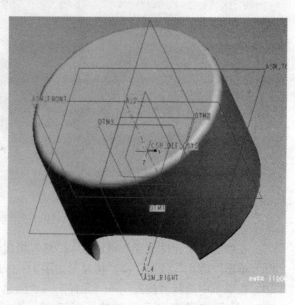

图 11-25 显示装配件

下面将装配件的基准面隐藏。

（13）在导航器上单击"显示"按钮，会显示下拉菜单，选择"层树"选项，如图 11-26 所示。

（14）在层树中指定零件 11.prt，在导航器中选择"编辑"→"新建层"命令，如图 11-27 所示。

（15）弹出"层属性"对话框，在名称栏中输入图层名称 Datum2，表示隐藏的是零件的基准平面，如图 11-28 所示。

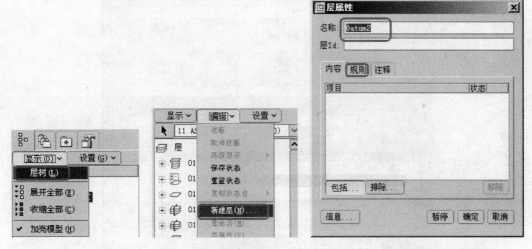

图 11-26 "层树"选项　　图 11-27 "新建层"命令　　图 11-28 "层属性"对话框

（16）选择"规则"选项卡，单击"编辑规则"按钮，打开"搜索工具"对话框，如图 11-29 所示。

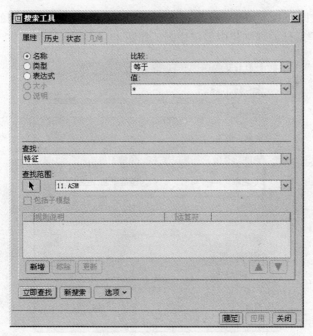

图 11-29 "搜索工具"对话框

（17）单击"选项"按钮，在下拉菜单中选择"建立查询"命令，在查找列表中选择"基准平面"选项，单击"新增"按钮，然后在查找列表中选择"特征"选项，单击"新增"按钮，在规则说明列表框中的"运算符"中设置基准平面和特征之间的关系是"or"，如图 11-30 所示。

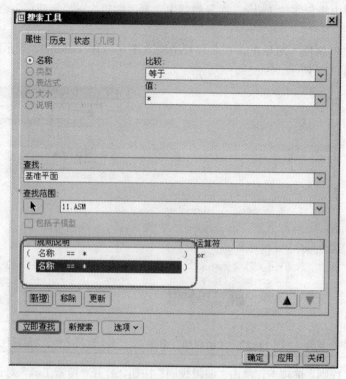

图 11-30　"搜索工具"对话框

（18）单击"立即查找"按钮，在下面的列表框中会显示当前查找到的基准面，单击"确定"按钮，然后在层属性的规则栏中显示规则，如图 11-31 所示。

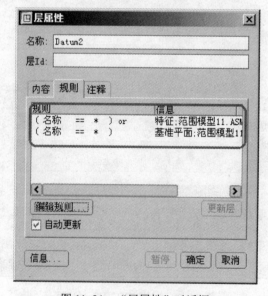

图 11-31　"层属性"对话框

（19）单击"确定"按钮，完成图层 Datum2 的创建。

（20）在层树中选择 Datum2 图层，单击右键，弹出快捷菜单选择"遮蔽层"命令，如图 11-32 所示。

（21）选择"视图"→"重画"命令调整画面，三个参考零件的基准面及坐标系在画面中隐藏，如图 11-33 所示。

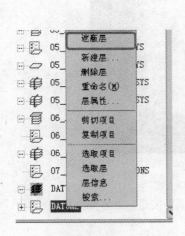

图 11-32　"遮蔽层"命令

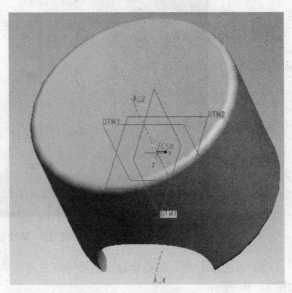

图 11-33　隐藏坐标系

11.3.4　创建模具实体模型

创建模具实体模型的步骤如下：

（1）在菜单管理器中选择拉伸按钮 [图标]，打开草绘功能，选择绘图平面与参考平面，如图 11-34 所示。

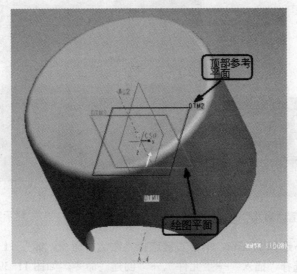

图 11-34　设置草绘

（2）绘制如图 11-35 所示的草图。

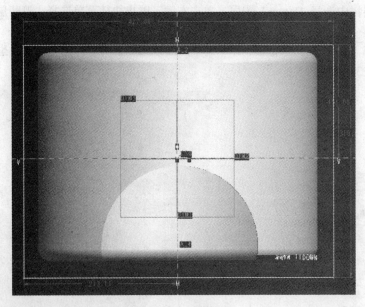

图 11-35　草绘截面

（3）单击 ✔ 按钮，完成草绘，选择标准方向，单击"选项"按钮，设置侧面均为"盲孔"，如图 11-36 所示。

（4）设置拉伸长度，单击 ✔ 按钮，完成毛坯设计，单击"完成/返回"按钮，工作区显示如图 11-37 所示。

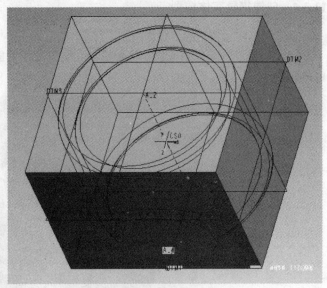

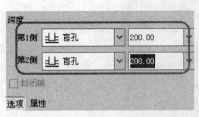

图 11-36　设置"盲孔"　　　　　　　　图 11-37　显示实体

（5）在模型树下选择 11.asm，单击右键选择"激活"命令，如图 11-38 所示。

（6）在菜单中选择"插入"→"元件"→"创建"命令，如图 11-39 所示。

图 11-38 "激活"命令

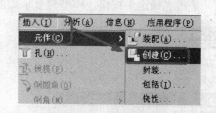

图 11-39 "创建"命令

（7）这样将弹出"元件创建"对话框，选择"零件"→"实体"命令，输入名称"11up"，如图 11-40 所示。

（8）单击"确定"按钮，在"创建选项"对话框中选择"复制现有"选项，然后选择"浏览"按钮，选择 11down.prt 作为复制元件，如图 11-41 所示。

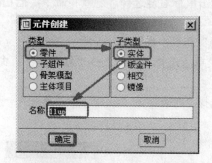

图 11-40 "元件创建"对话框

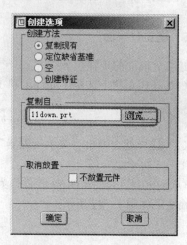

图 11-41 "创建选项"对话框

（9）单击"确定"按钮，工作区显示如图 11-42 所示。

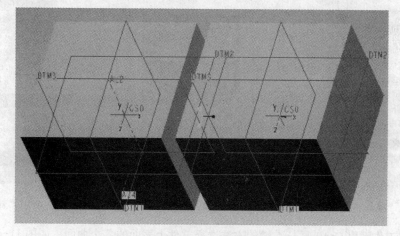

图 11-42 显示复制

（10）在弹出的"元件放置"对话框中，将连接属性设为"缺省"，如图 11-43 所示。

（11）单击"确定"按钮，模型树显示如图 11-44 所示，表示完成模具实体模型的创建。

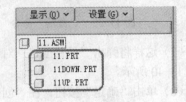

图 11-43　"元件放置"对话框　　　　　　　　　　　　图 11-44　模型树

11.3.5　建立分模面

建立分模面的步骤如下：

（1）在模型树上选定 11up.prt 和 11down.prt，单击鼠标右键选择"隐藏"命令，把它们暂时隐藏。

（2）在主菜单上选择"应用程序"→"模具布局"命令，如图 11-45 所示。

（3）这样就会弹出"菜单管理器"对话框，在菜单上选择"修改"→"修改零件"命令，如图 11-46 所示。

（4）在工作区选择 11.prt 零件作为修改零件，选择"特征"→"创建"→"复制"→"完成"命令，如图 11-47 所示。

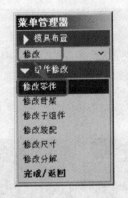

图 11-45　"模具布局"命令　　　图 11-46　"菜单管理器"对话框　　　图 11-47　"复制"命令

（5）在工作区用 Ctrl＋鼠标左键的方法选择零件上表面的各个曲面，如图 11-48 所示。

（6）单击 ✔ 按钮，完成曲面复制。利用鼠标左键的"取消隐藏"命令取消隐藏 11down.prt 零件。

（7）选择"延拓"命令，在延拓类型上选择"至平面"选项，在工作区选择刚复制的曲面的边线作为延拓的边链，然后选择拉伸面，如图 11-49 所示。

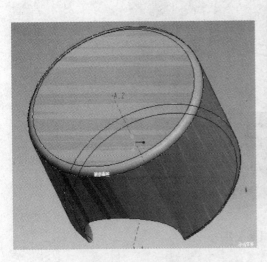

图 11-48 复制曲面

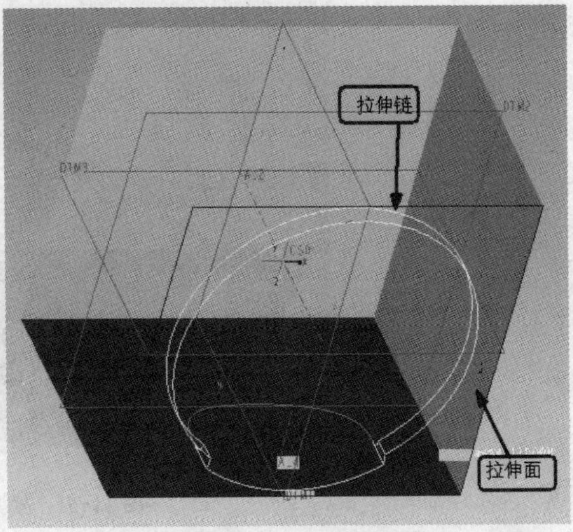

图 11-49 选择拉伸面

（8）单击 ✔ 按钮，完成曲面特征创建，如图 11-50 所示。

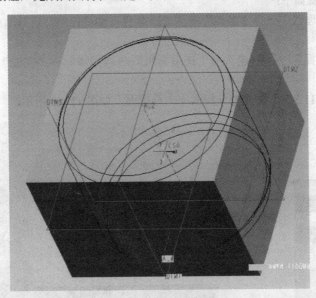

图 11-50 创建的曲面特征

11.3.6 产生模穴

产生模穴的步骤如下：

（1）在菜单管理器中选择"型腔腔槽"→"腔槽开孔"命令，选择 11down.prt 为切除件，选择 11.prt 为参考零件，然后单击"确定"按钮，模具装配件如图 11-51 所示。

（2）选择"完成/返回"命令返回。

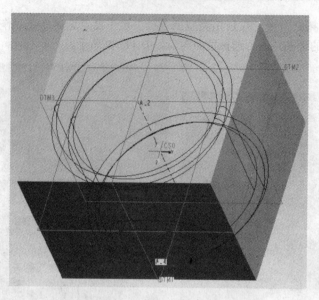

图 11-51　模具装配件

11.3.7　建立下模

建立下模的步骤如下:

（1）在菜单管理器中选择"修改"→"修改零件"命令，然后选择 11down.prt 作为修改的零件。

（2）选择"特征"→"创建"→"使用面组"→"实体"→"完成"命令，如图 11-52 所示。

（3）选择步骤 11.3.5 所建立的分模面作为分模面，如图 11-53 所示。

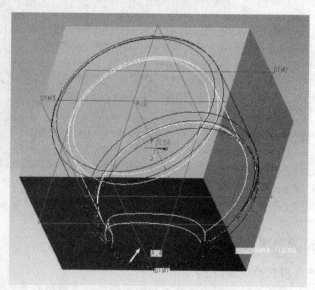

图 11-52　创建实体命令　　　　　　　　图 11-53　选取分模面

（4）确认切除方向向下，选择去除材料按钮 ⬜，使分模面下方的部分被切除，然后在特征创建工具栏上单击 ✔ 按钮，将模块的下部分切除，如图 11-54 所示。

　　提示：这里的去除材料按钮◿跟零件设计状态下的按钮作用是一致的，都是表示切除下面的材料。

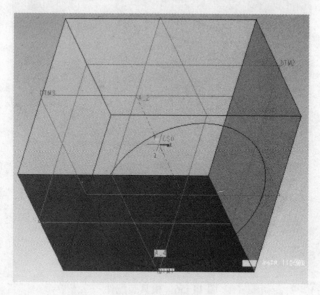

图 11-54　下模显示

11.3.8　建立上模

　　建立上模的步骤如下：

　　（1）选择"窗口"→"激活"命令，回到装配窗口。

　　（2）在模型树上单击选中 11up.prt，用鼠标右键选择"取消隐藏"命令，工作区重新出现模具装配件，如图 11-55 所示。

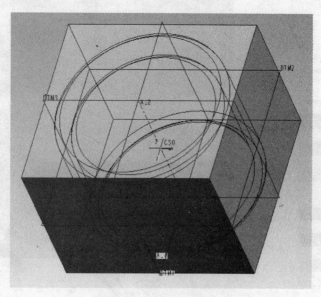

图 11-55　显示模具装配件

（3）在菜单管理器中选择"型腔腔槽"→"腔槽开孔"命令，选择 11up.prt 为切除件，选择 11.prt 为参考零件，然后单击"确定"按钮，模具装配件如图 11-56 所示。

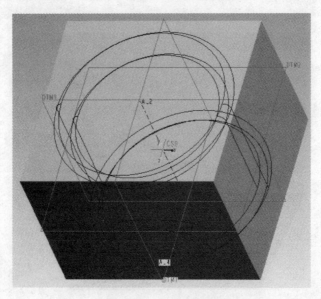

图 11-56　模具装配件

（4）选择"完成/返回"命令返回。

（5）在菜单管理器中选择"修改"→"修改零件"命令，然后选择 11up.prt 作为修改的零件。

（6）选择"特征"→"创建"→"使用面组"→"实体"→"完成"命令，如图 11-57 所示。

（7）选择步骤 11.3.5 所建立的分模面作为分模面，如图 11-58 所示。

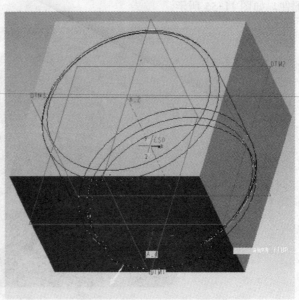

图 11-57　创建实体命令　　　　　　　　图 11-58　选取分模面

（8）确认切除方向向上，选择去除材料按钮，使分模面下方的部分被切除，然后在特征创建工具栏上单击 按钮，将模块的下部分切除，如图 11-59 所示。

提示：建立上模跟建立下模的步骤完全一样，只是对零件 11up.prt 进行操作。

（9）完成上模和下模的创建，即完成模具设计。保存文件，然后选择"文件"→"拭除"→"当前"命令，弹出"拭除"对话框，如图 11-60 所示。

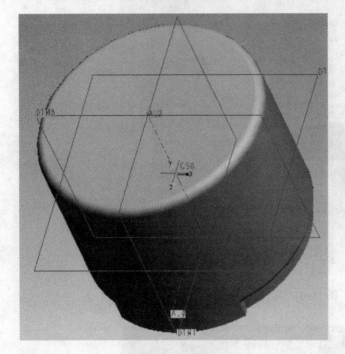

图 11-59　上模显示

图 11-60　"拭除"对话框

（10）选择 按钮，表示选中全部，然后单击"确定"按钮，将所有的相关零件在内存中删除。

本 章 小 结

以配合方式装配模具是本章学习的目的和重点。读者在进行完本章的学习后，应当熟悉如何用创建配合件的方式来创建模具的上模和下模。此外本章还对用复制曲面来创建分模面方法进行了进一步熟悉，并介绍了用延拓曲面的方法来产生分模面。

练 习 题

运用本章介绍的方法对如图 11-61 所示的零件进行模具设计。

1. 制作要求

（1）创建分模面。

（2）创建上模零件。

（3）创建下模零件。

2. 技术提示

（1）建立模具装配件，如图 11-62 所示。

（2）创建模具实体模型，如图 11-63 所示。

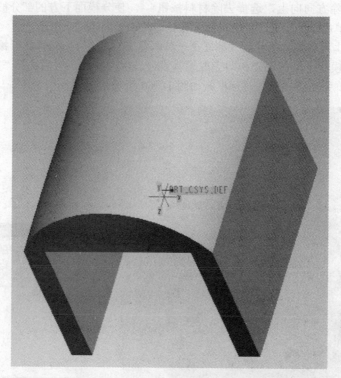

图 11-61   零件效果图

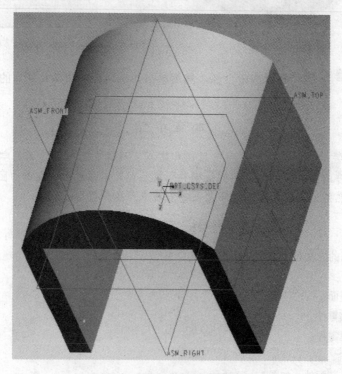

图 11-62   建立模具装配件

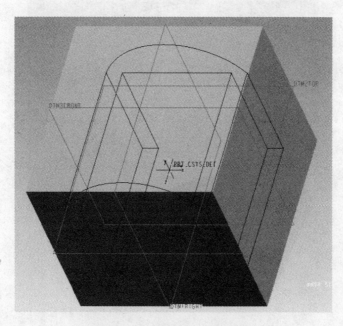

图 11-63　创建模具实体模型

（3）创建分模面，如图 11-64 所示。

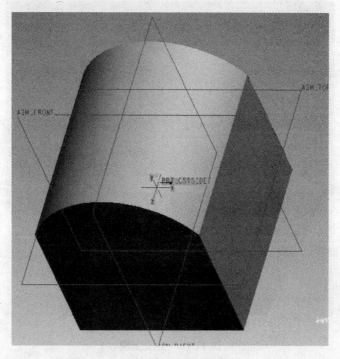

图 11-64　创建分模面

（4）建立下模，如图 11-65 所示。

（5）建立上模，如图 11-66 所示。

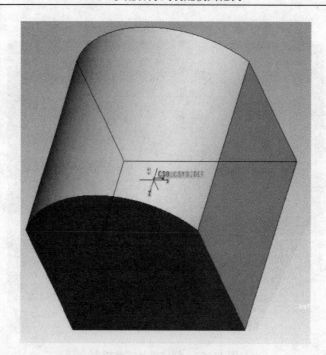

图 11-65   建立下模

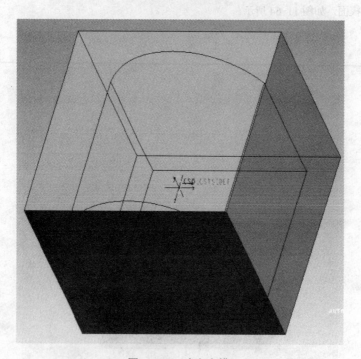

图 11-66   建立上模

12 以自上而下方式装配模具范例

实 例 概 述

本章讲述的仍然是用 Pro/E 的装配模块进行设计，实例是我们在第 2 章用模具模块处理过的零件，如图 12-1 所示。

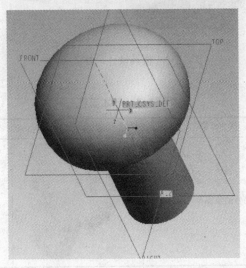

图 12-1　零件效果图

12.1　本章重点与难点

自上而下方式装配模具的方法跟配合模式方法相似，不同点是它只需要创建一个实体，然后把这个实体分割成两个实体；而配合模式必须创建两个实体。自上而下方式装配模具的一般步骤如下：

（1）设置成品件的收缩率；

（2）建立模具的装配件；

（3）构建模块的实体模型；

（4）建立分模面；

（5）建立模穴；

（6）建立浇注系统；

（7）模具生成。

12.2　制作流程

模具设计最终效果图如图 12-2 所示，它是参考件和模具上、下模在一起的配合图。在表

12-1 中将给出创建的基本流程。

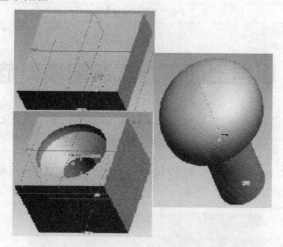

图 12-2 模具设计最终效果图

表 12-1 基本流程

步 骤	操 作 内 容	显 示 结 果	操 作 方 法 及 提 示
1	设置成品件的收缩率		直接收缩零件
2	建立模具的装配件		通过参考零件创建
3	创建模具实体模型		利用草绘拉伸创建
4	创建分模面		用复制、合并曲面的方法创建分模面

步　骤	操 作 内 容	显 示 结 果	操作方法及提示
5	建立下模		利用分模面去除材料获得
6	建立上模		利用分模面去除材料获得

12.3　实例制作

12.3.1　建立新目录

建立新目录的步骤如下：

（1）新建一个文件夹，命名为"12"，把零件"12.prt"拷贝进文件夹，此零件即为本章要处理的零件。

（2）进入 Pro/E 系统。

（3）选择"文件"→"设置工作目录"命令，在"选取工作目录"对话框中选择工作目录为"12"文件夹所在的目录，如图 12-3 所示，单击"确定"按钮完成设置。

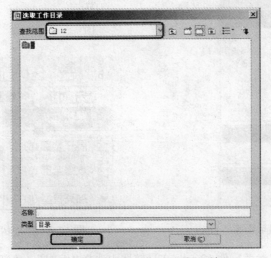

图 12-3　"选取工作目录"对话框

12.3.2　设置成品件的收缩率

设置成品件收缩率的步骤如下：

（1）选取"文件"→"打开"命令，选取 12.prt 文件，再选择"打开"按钮，零件如图 12-4 所示。

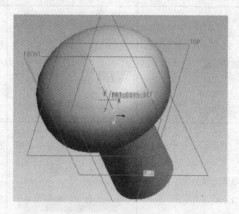

图 12-4　零件图

（2）编辑菜单下选择"设置"命令，在弹出菜单管理器中选择"收缩"→"按尺寸"→"所有尺寸"命令，如图 12-5 所示。

（3）输入"0.005"作为收缩率，单击✔按钮，然后选择"完成"命令。

下面将新建图层，隐藏零件基准面。

（4）在导航器上单击"显示"按钮，会显示下拉菜单，选择"层树"选项，如图 12-6 所示。

图 12-5　设置收缩率

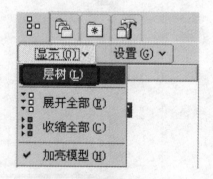

图 12-6　"层树"选项

（5）在层树中指定参考零件 12.prt，在导航器中选择"编辑"→"新建层"命令，如图 12-7 所示。

（6）弹出"层属性"对话框，在名称栏中输入图层名称 Datum，表示隐藏的是零件的基准平面，如图 12-8 所示。

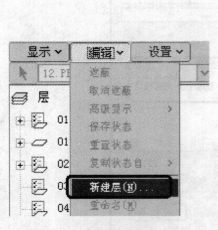

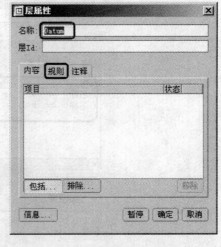

图 12-7 "新建层"命令　　　　　图 12-8 "层属性"对话框

（7）选择"规则"选项卡，单击"编辑规则"按钮，打开"搜索工具"对话框，如图 12-9 所示。

（8）单击"选项"按钮，在下拉菜单中选择"建立查询"命令，在查找列表中选择"基准平面"选项，单击"新增"按钮，然后在查找列表中选择"特征"选项，单击"新增"按钮，在规则说明列表框中的"运算符"中设置基准平面和特征之间的关系是"or"，如图 12-10 所示。

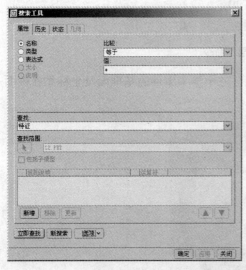

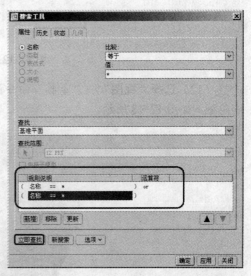

图 12-9 "搜索工具"对话框　　　　图 12-10 "搜索工具"对话框

（9）单击"立即查找"按钮，在下面的列表框中会显示当前查找到的基准面，单击"确定"按钮，然后在层属性的规则栏中显示规则，如图 12-11 所示。

（10）单击"确定"按钮，完成图层 Datum 的创建。

（11）在层树中选择 Datum 图层，单击右键，弹出快捷菜单，选择"遮蔽层"命令，如图 12-12 所示。

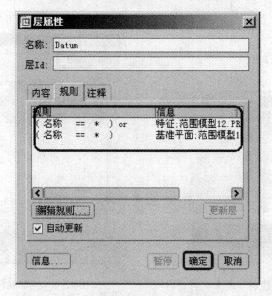

图 12-11　"层属性"对话框

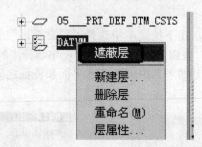

图 12-12　"遮蔽层"命令

（12）选择"视图"→"重画"命令调整画面，三个参考零件的基准面及坐标系在画面中隐藏，如图 12-13 所示。

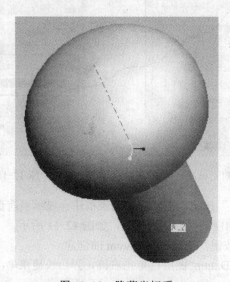

图 12-13　隐藏坐标系

12.3.3 建立模具的装配件

建立模具装配件的步骤如下：

（1）选择"文件"→"新建"命令，在弹出的"新建"对话框的"类型"选项组中选择"组件"单选按钮，在"子类型"选项组中选择"设计"单选按钮，如图 12-14 所示。在名称栏下输入"12"，取消"使用缺省模板"复选框，单击"确定"按钮。

（2）在弹出的"新文件选项"对话框中选择 mmns_asm_design，表示使用毫米制，单击"确定"按钮，如图 12-15 所示。

（3）这样在工作区显示坐标系 MOLD_DEF_CSYS 及基准面 MOLD_FRONT、MOLD_RIGHT 和 MAIN_PARTING_PLN，如图 12-16 所示。

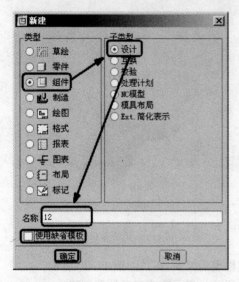

图 12-14 "新建"对话框

图 12-15 "新文件选项"对话框

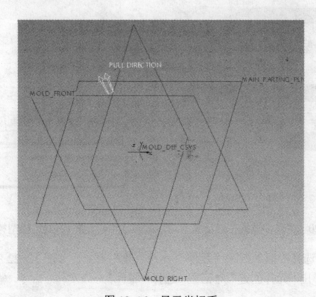

图 12-16 显示坐标系

（4）在菜单中选择"插入"→"元件"→"装配"命令，如图 12-17 所示。

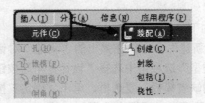

图 12-17　装配命令

（5）在弹出的对话框中选择工件"12.prt"，作为装配零件，如图 12-18 所示。

（6）单击"打开"按钮，工作区显示零件如图 12-19 所示。

图 12-18　打开参考文件

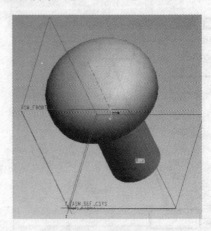

图 12-19　显示零件

（7）在弹出的"元件放置"对话框中，将连接属性设为"缺省"，如图 12-20 所示。

（8）单击"确定"按钮，模型树显示如图 12-21 所示，表示完成参考件的创建。

图 12-20　"元件放置"对话框

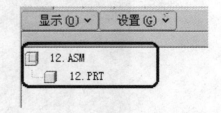

图 12-21　模型树

（9）在菜单中选择"插入"→"元件"→"创建"命令，如图 12-22 所示。

（10）这样将弹出"元件创建"对话框，选择"零件"→"实体"命令，输入名称"12wrk"，如图 12-23 所示。

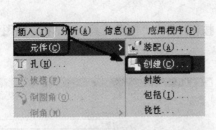

图 12-22 创建命令

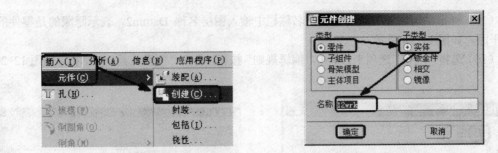

图 12-23 "元件创建"对话框

（11）单击"确定"按钮，在"创建选项"对话框中选择"定位缺省基准"→"对齐坐标系与坐标系"，如图 12-24 所示。

（12）单击"确定"按钮，选择 ASM_DEF_CSYS 为选配件的坐标系，装配件如图 12-25 所示。

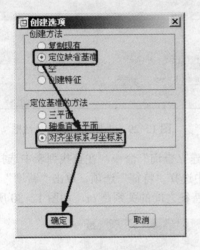

图 12-24 "创建选项"对话框

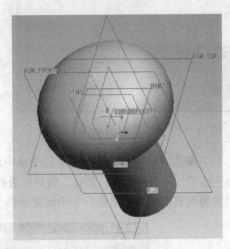

图 12-25 显示装配件

下面将装配件的基准面隐藏。

（13）在导航器上单击"显示"按钮，会显示下拉菜单，选择"层树"选项，如图 12-26 所示。

（14）在层树中指定零件 12.prt，在导航器中选择"编辑"→"新建层"命令，如图 12-27 所示。

图 12-26 "层树"选项

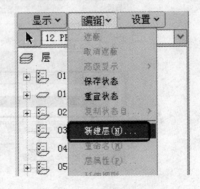

图 12-27 "新建层"命令

（15）弹出"层属性"对话框，在名称栏中输入图层名称 Datum2，表示隐藏的是零件的基准平面，如图 12-28 所示。

（16）选择"规则"选项卡，单击"编辑规则"按钮，打开"搜索工具"对话框，如图 12-29 所示。

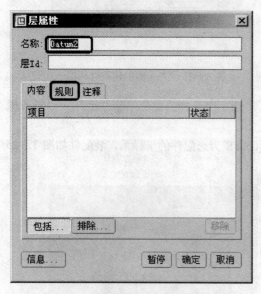

图 12-28   "层属性"对话框

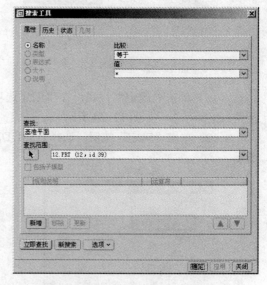

图 12-29   "搜索工具"对话框

（17）单击"选项"按钮，在下拉菜单中选择"建立查询"命令，在查找列表中选择"基准平面"选项，单击"新增"按钮，然后在查找列表中选择"特征"选项，单击"新增"按钮，在规则说明列表框中的"运算符"中设置基准平面和特征之间的关系是 or，如图 12-30 所示。

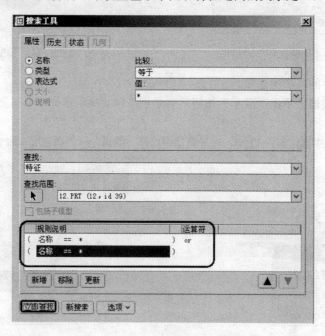

图 12-30   "搜索工具"对话框

（18）单击"立即查找"按钮，在下面的列表框中会显示当前查找到的基准面，单击"确定"按钮，然后在层属性的规则栏中显示规则，如图 12-31 所示。

（19）单击"确定"按钮，完成图层 Datum2 的创建。

（20）在层树中选择 Datum2 图层，单击右键，弹出快捷菜单，选择"遮蔽层"命令，如图 12-32 所示。

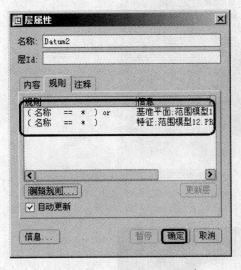

图 12-31 "层属性"对话框

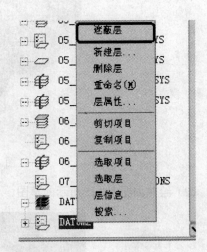

图 12-32 "遮蔽层"命令

（21）选择"视图"→"重画"命令调整画面，三个参考零件的基准面及坐标系在画面中隐藏，如图 12-33 所示。

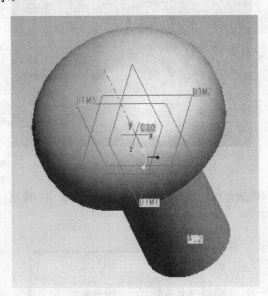

图 12-33 隐藏坐标系

12.3.4 创建模具实体模型

创建模具实体模型的步骤如下：

（1）在菜单管理器中选择拉伸按钮 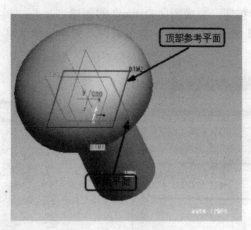，打开草绘功能，选择绘图平面与参考平面，如图 12-34 所示。

图 12-34　设置草绘

（2）绘制如图 12-35 所示的草图。

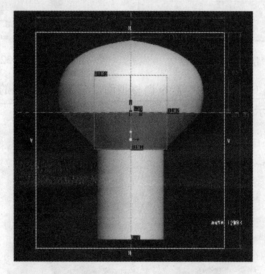

图 12-35　草绘截面

（3）单击 ✔ 按钮，完成草绘，选择标准方向，单击"选项"按钮，设置侧面均为"盲孔"，如图 12-36 所示。

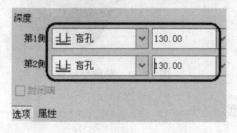

图 12-36　设置"盲孔"

（4）设置拉伸长度，单击 ✔ 按钮，完成毛坯设计，单击"完成/返回"按钮，工作区显示如图 12-37 所示。

12.3.5　建立分模面

建立分模面的步骤如下：

（1）在模型树下选择 12.asm，单击右键选择"激活"命令，如图 12-38 所示。

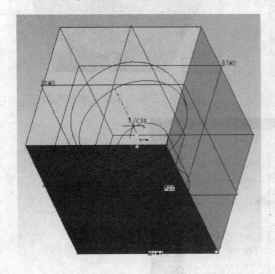

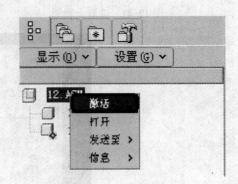

图 12-37　显示实体　　　　　　　　　　　　　图 12-38　"激活"命令

（2）在主菜单上选择"插入"→"共享数据"→"复制几何"命令，如图 12-39 所示。

（3）这样就会弹出"复制几何"对话框，如图 12-40 所示，要求逐项设置复制的内容。

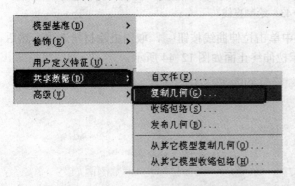

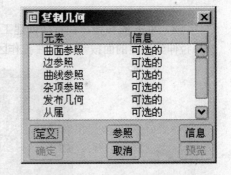

图 12-39　"复制几何"命令　　　　　　　　　图 12-40　"复制几何"对话框

（4）在"元素"栏中选择"曲面参照"选项，单击"定义"按钮，选取零件的上表面，如图 12-41 所示。

（5）在"复制几何"对话框中单击"确定"按钮，完成曲面复制，必须再创建曲面才能完成分模面。

（6）在工具栏中选取拉伸特征按钮 ⬚，然后在特征工具栏中选择 ☑ 按钮，打开草绘，选择如图 12-42 所示的平面为草绘平面和参考平面。

（7）绘制如图 12-43 所示的直线。

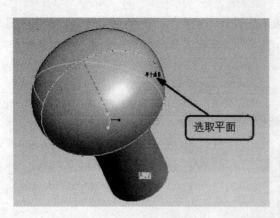

图 12-41　选取上表面

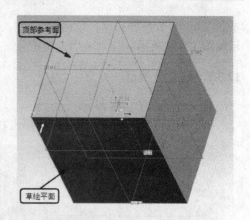

图 12-42　草绘面和参考面

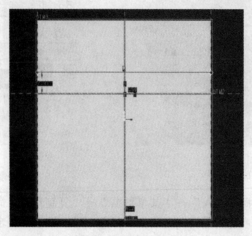

图 12-43　绘制直线

（8）单击 ✔ 按钮，在特征创建工具栏中单击拉伸曲线按钮 ◻，取消去除材料选项，然后选择拉伸到指定的面按钮 ⥮，在工作区显示拉伸终止面如图 12-44 所示。

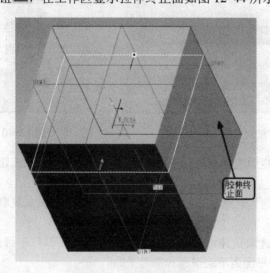

图 12-44　拉伸终止面选择

（9）单击 ✔ 按钮，完成拉伸曲面特征创建，如图 12-45 所示。

（10）在模型树上选择复制的曲面和创建的曲面，如图 12-46 所示。

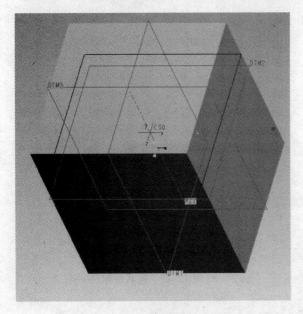

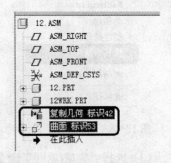

图 12-45 创建的曲面特征　　　　　　　　　图 12-46 模型树显示两个曲面

（11）在主菜单选择"编辑"→"合并"命令，打开特征创建对话框，选择相交曲面按钮 ⊗，然后单击 ✔ 按钮，完成合并。此合并面就是分模面，如图 12-47 所示。

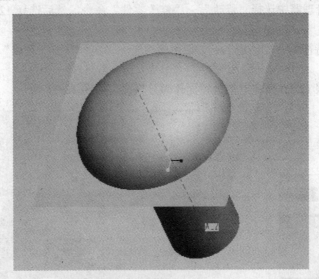

图 12-47 完成分模面

12.3.6 产生模穴

产生模穴的步骤如下：

（1）在主菜单上选择"应用程序"→"模具布局"命令，如图 12-48 所示。

（2）在菜单管理器中选择"型腔腔槽"→"腔槽开孔"命令，选择 12wrk.prt 为切除件，选择 12.prt 为参考零件，然后单击"确定"按钮，模具装配件如图 12-49 所示。

图 12-48　"模具布局"命令

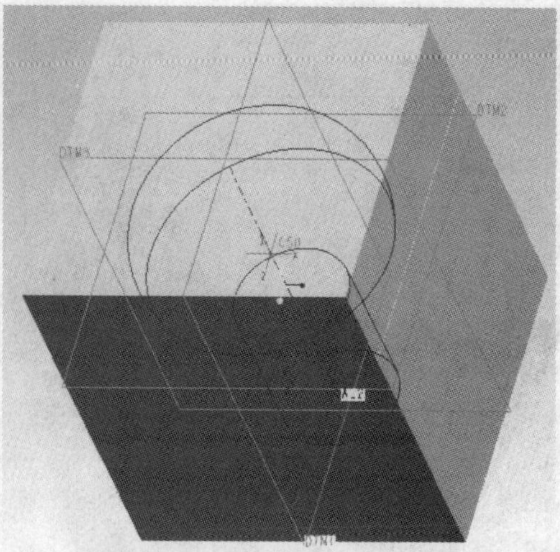

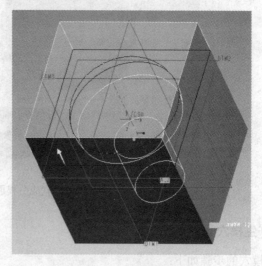

图 12-49　模具装配件

（3）选择"完成/返回"命令返回。

12.3.7　建立下模

建立下模的步骤如下：

（1）在菜单管理器中选择"修改"→"修改零件"命令，然后选择 12wrk.prt 作为修改的零件。

（2）选择"特征"→"创建"→"使用面组"→"实体"→"完成"命令，如图 12-50 所示。

（3）选择步骤 12.3.5 所建立的分模面作为分模面，如图 12-51 所示。

图 12-50　创建实体命令

图 12-51　选取分模面

（4）确认切除方向向下，选择去除材料按钮 ，使分模面下方的部分被切除，然后在特征创建工具栏上单击 ✔ 按钮，将模块的下部分切除，如图 12-52 所示。

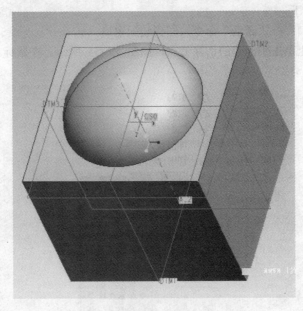

图 12-52　切除显示

（5）选择"文件"→"打开"命令，选中内存中的零件 12wrk.prt，选择"打开"命令，零件显示如图 12-53 所示，此即为零件的下模。

（6）选择"文件"→"保存副本"命令，输入下模名称"12down"，单击"确定"按钮完成。

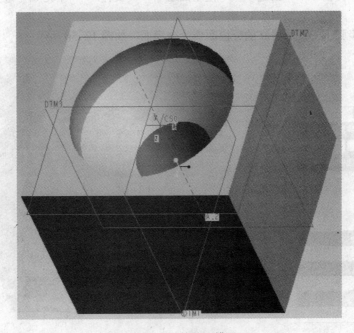

图 12-53　零件的下模显示

12.3.8　建立上模

建立上模步骤如下：

（1）选择"窗口"→"激活"命令，回到装配窗口。

（2）在模型树上单击刚创建的切除节点，如图 12-54 所示。在鼠标右键菜单中选择"删除"命令。

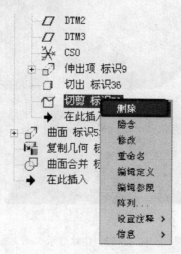

图 12-54　显示节点

（3）单击"确定"按钮，确认删除。在菜单管理器中选择"修改"→"修改零件"命令，然后选择 12wrk.prt 作为修改的零件。

（4）选择"特征"→"创建"→"使用面组"→"实体"→"完成"命令，如图 12-55 所示。

（5）选择步骤 12.3.5 所建立的分模面作为分模面，如图 12-56 所示。

图 12-55　创建实体命令

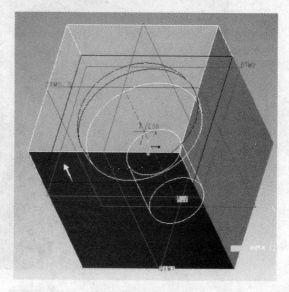

图 12-56　选取分模面

（6）确认切除方向向上，选择去除材料按钮◿，使分模面下方的部分被切除，然后在特征创建工具栏中单击 ✔ 按钮，将模块的下部分切除，如图 12-57 所示。

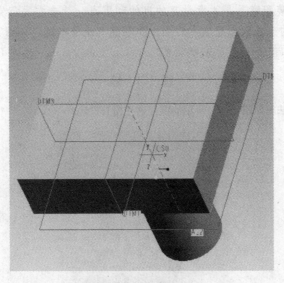

图 12-57　上模显示

（7）选择"文件"→"打开"命令，选中内存中的零件 12wrk.prt，选择"打开"命令，零件显示如图 12-58 所示，此即为零件的下模。

（8）选择"文件"→"保存副本"命令，输入上模名称"12up"，单击"确定"按钮完成。

（9）完成上模和下模的创建，即完成模具设计。保存文件，然后选择"文件"→"拭除"→"当前"命令，弹出"拭除"对话框，如图 12-59 所示。

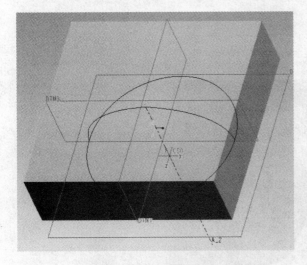

图 12-58　下模显示

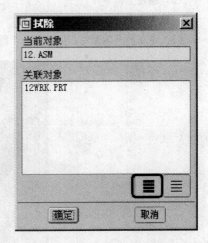

图 12-59　"拭除"对话框

（10）选择 ≣ 按钮，表示选中全部，然后单击"确定"按钮，将所有的相关零件在内存中删除。

本 章 小 结

以自上而下方式装配模具是本章学习的目的和重点。读者在进行完本章的学习后，应当熟悉如何用自上而下的方式来创建模具的上模和下模。此外本章还介绍了复制几何的方式创建曲面，以及用合并曲面的方法来产生分模面。

练 习 题

运用本章介绍的方法对如图 12-60 所示的零件进行模具设计。

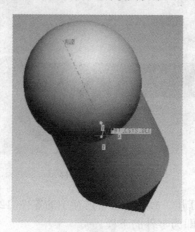

图 12-60   零件效果图

1．制作要求

（1）创建分模面。

（2）创建上模零件。

（3）创建下模零件。

2．技术提示

（1）建立模具装配件，如图 12-61 所示。

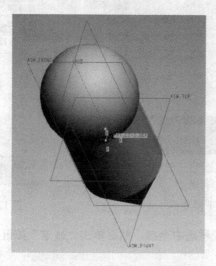

图 12-61   建立模具装配件

（2）创建模具实体模型，如图 12-62 所示。

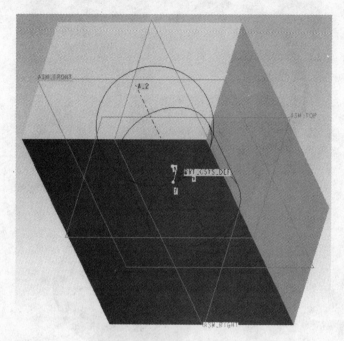

图 12-62　创建模具实体模型

（3）创建分模面，如图 12-63 所示。

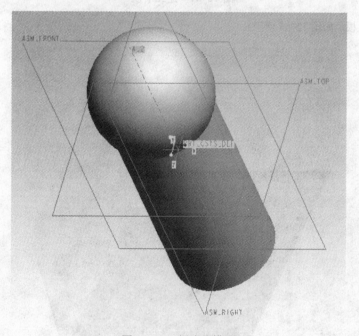

图 12-63　创建分模面

（4）建立下模，如图 12-64 所示。

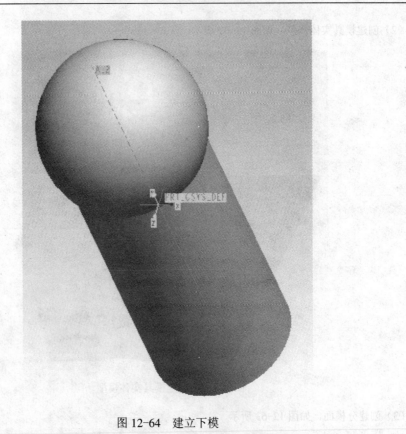

图 12-64   建立下模

（5）建立上模，如图 12-65 所示。

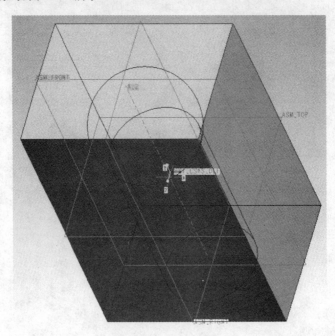

图 12-65   建立上模

13 模具综合设计范例

实 例 概 述

本章讲解的实例是一个如图 13-1 所示的零件，它的正上方有两个通孔，前侧面有一个内凹孔，后侧面有一个通孔。对于这样一个复杂的零件进行模具设计，可以进一步熟悉前面讲解的内容。

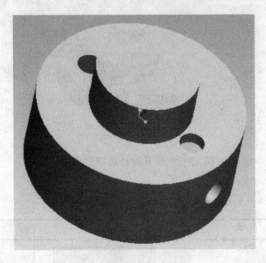

图 13-1　零件效果图

13.1　本章重点与难点

本章是对前面内容的复习，所涉及到的技术点包括：

（1）孔的设计。

对于正上方的两个通孔，侧面的内凹孔、通孔，利用修补孔的方法创建分模面（见第 4 章）。

（2）滑块的设计。

对于前侧的内凹孔，利用设计滑块的方法分模（见第 9 章）。

（3）销的设计。

对于后侧的通孔，利用设计销的方法分模（见第 10 章）。

（4）开模顺序设计。

开模时按照先滑块、再销，然后上模，最后下模的顺序开模。

（5）创建分模面的各种方法。

本章介绍的方法包括：复制、延拓、合并、拉伸、平整。

13.2　制作流程

模具设计最终效果图如图 13-2 所示，在表 13-1 中将给出创建的基本流程。

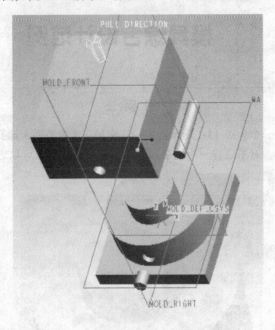

图 13-2　模具设计最终效果图

表 13 -1　基本流程

步　骤	操 作 内 容	显 示 结 果	操作方法及提示
1	建立模具文件		设置工作目录 创建新文件
2	建立模具模型		创建参考零件
3	创建毛坯		利用草绘直接绘制毛坯

步 骤	操 作 内 容	显 示 结 果	操作方法及提示
4	创建分模面		用复制、拉伸和合并的方法创建分模面
5	创建滑块分模面		利用拉伸和合并创建
6	创建销分模面		利用拉伸、平整和合并创建
7	生成滑块		利用分割模具的方法
8	生成销		利用分割模具的方法
9	定义开模		按照开模顺序开模

13.3 实例制作

13.3.1 建立模具文件

建立模具文件的步骤如下：

（1）新建一个文件夹，命名为"13"，把零件"13.prt"拷贝进文件夹，此零件即为本章要处理的零件。

（2）进入 Pro/E 系统。

（3）选择"文件"→"设置工作目录"命令，在"选取工作目录"对话框中选择工作目录为"13"文件夹所在的目录，如图 13-3 所示，单击"确定"按钮完成设置。

（4）选择"文件"→"新建"命令，在弹出的"新建"对话框的"类型"选项组中选择"制造"单选按钮，在"子类型"选项组中选择"模具型腔"单选按钮，如图 13-4 所示，在名称栏下输入"13"，取消"使用缺省模板"复选框，单击"确定"按钮。

图 13-3　"选取工作目录"对话框

图 13-4　"新建"对话框

（5）在弹出的"新文件选项"对话框中选择 mmns_mfg_mold，表示使用毫米制，单击"确定"按钮，如图 13-5 所示。

（6）这样在工作区显示坐标系 MOLD_DEF_CSYS 及基准面 MOLD_FRONT、MOLD_RIGHT 和 MAIN_PARTING_PLN，如图 13-6 所示。

图 13-5　"新文件选项"对话框

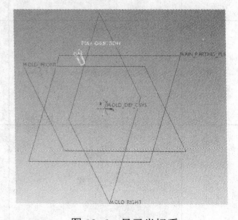
图 13-6　显示坐标系

13.3.2　建立模具模型

建立模具模型的步骤如下：

（1）在菜单管理器中选择"模具"→"模具模型"→"装配"→"参考模型"命令，在弹出的对话框中选择工件"13.prt"，作为参考零件，如图 13-7 所示。

图 13-7　打开参考文件

（2）单击"打开"按钮，在工作区显示零件如图 13-8 所示。

图 13-8　显示零件

（3）在弹出的"元件放置"对话框中，将连接属性设为"缺省"，如图 13-9 所示。

（4）单击"确定"按钮，弹出的"创建参照模型"对话框中输入参考件的名称"13_REF"，如图 13-10 所示。

图 13-9　"元件放置"对话框

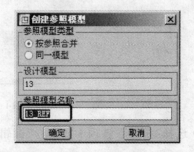

图 13-10　"创建参照模型"对话框

（5）单击"确定"按钮，模型树显示如图 13-11 所示，表示完成参考件的创建。

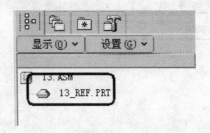

图 13-11　模型树

下面将新建图层，隐藏零件基准面。

（6）在导航器上单击"显示"按钮，会显示下拉菜单，选择"层树"选项，如图 13-12 所示。

（7）在层树中指定参考零件 13_REF.prt，在导航器中选择"编辑"→"新建层"命令，如图 13-13 所示。

图 13-12　"层树"选项   图 13-13　"新建层"命令

（8）弹出"层属性"对话框，在名称栏中输入图层名称 Datum，表示隐藏的是零件的 Datum，如图 13-14 所示。

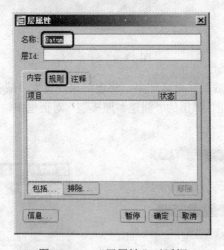

图 13-14　"层属性"对话框

（9）选择"规则"选项卡，单击"编辑规则"按钮，打开"搜索工具"对话框，如图 13-15 所示。

图 13-15 "搜索工具"对话框

（10）单击"选项"按钮，在下拉菜单中选择"建立查询"命令，在查找列表中选择"基准平面"选项，单击"新增"按钮，然后在查找列表中选择"特征"选项，单击"新增"按钮，在规则说明列表框中的"运算符"中设置基准平面和特征之间的关系是 or，如图 13-16 所示。

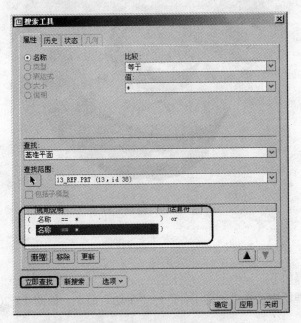

图 13-16 "搜索工具"对话框

（11）单击"立即查找"按钮，在下面的列表框中会显示当前查找到的基准面，单击"确定"按钮，然后在层属性的规则栏中显示规则，如图 13-17 所示。

（12）单击"确定"按钮，完成图层 Datum 的创建。

（13）在层树中选择 Datum 图层，单击右键，弹出快捷菜单，选择"遮蔽层"命令，如图 13-18 所示。

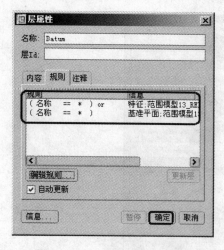

图 13-17 "层属性"对话框

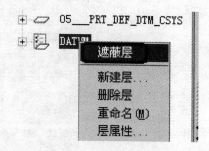

图 13-18 "遮蔽层"命令

（14）选择"视图"→"重画"命令调整画面，三个参考零件的基准面及坐标系在画面中隐藏，如图 13-19 所示。

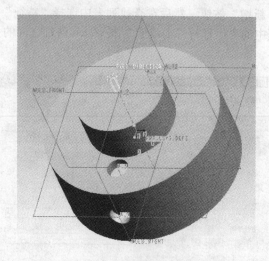

图 13-19 隐藏坐标系

13.3.3 创建毛坯

创建毛坯的步骤如下：

（1）在菜单管理器中选择"创建工件"→"手动"命令，如图 13-20 所示。

（2）在弹出的"元件创建"对话框中选择"零件"→"实体"，在名称栏中输入名称"13_wrk"，如图 13-21 所示。

（3）单击"确定"按钮，在弹出的"创建方法"对话框中选择"创建特征"单选项，如图 13-22 所示。

图 13-20 创建命令

（4）单击"确定"按钮，开始创建毛坯的第一个特征，选择"实体"→"加材料"→"拉伸"→"实体"→"完成"命令，在特征创建工具栏中选择草绘图标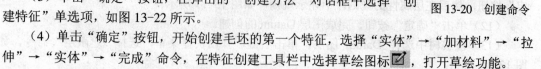，打开草绘功能。

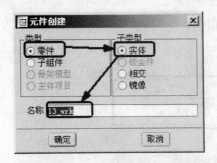
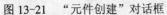

图 13-21 "元件创建"对话框

图 13-22 "创建方法"对话框

（5）在弹出的"剖面"对话框中选取 MAIN_PARTING_PLN 作为"顶"参考平面，选取 MOLD_FRONT 作为绘图平面，如图 13-23 所示。

（6）单击"草绘"命令，在弹出的"参照"对话框中，单击"关闭"按钮，如图 13-24 所示。

图 13-23 "剖面"对话框

图 13-24 "参照"对话框

（7）在工作区选择 □ 按钮，绘制如图 13-25 所示的截面。

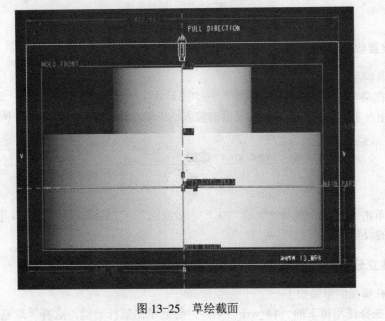

图 13-25 草绘截面

（8）单击 ✔ 按钮，完成草绘，选择标准方向，单击"选项"按钮，设置侧面均为"盲孔"，如图 13-26 所示。

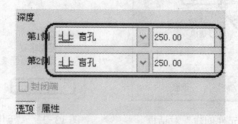

图 13-26　设置"盲孔"

（9）设置拉伸长度，单击 ✔ 按钮，完成毛坯设计，单击"完成/返回"按钮，在工作区显示毛坯，如图 13-27 所示。

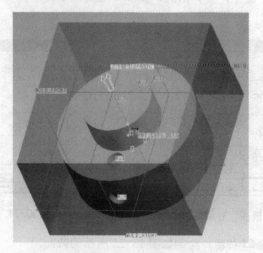

图 13-27　显示毛坯

13.3.4　设置收缩率

设置收缩率的步骤如下：

（1）在菜单管理器中选择"收缩"→"按尺寸"→"设置/复位"命令，选择"所有尺寸"后，会弹出参考零件的工作区，在下面的输入栏中输入 0.0005，如图 13-28 所示。

图 13-28　输入收缩率

（2）单击 ✔ 按钮，选择"完成"→"完成/返回"→"完成/返回"命令，回到模具菜单下，完成收缩的设置。

13.3.5　建立分模面

建立分模面的步骤如下：

（1）选择模型树下的"13_wrk"工件，然后单击鼠标右键，选择"遮蔽"命令，把毛坯隐藏，如图 13-29 所示。

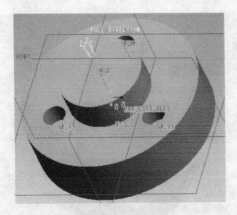

图 13-29　遮蔽毛坯

（2）在菜单管理器中选择"分型面名称"→"创建"命令，在弹出的对话框中输入分模面名称 PART_SURF_13，如图 13-30 所示。

（3）单击"确定"按钮，选择"拉伸"→"复制"→"完成"命令，如图 13-31 所示。

（4）这样将弹出"曲面：复制"对话框，要求定义复制面，如图 13-32 所示。

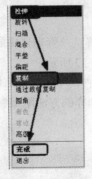

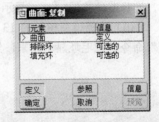

图 13-30　输入名称　　　　　图 13-31　复制命令　　　图 13-32　"曲面：复制"对话框

（5）用 Ctrl＋鼠标左键的方法选择不含孔的所有外表面，如图 13-33 所示。

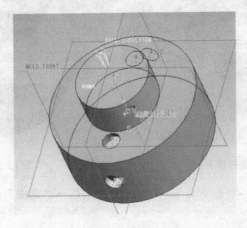

图 13-33　选择外表面

（6）选择"预览"按钮，显示如图 13-34 所示，可以看出要把空填补起来才能拆模。

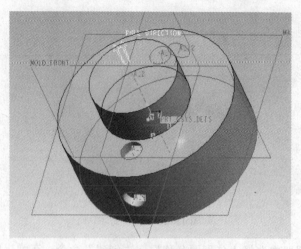

图 13-34　预览结果

（7）选择"复制"对话框中的"填充环"选项，然后单击"定义"按钮，选择"所有"→"增加"命令，如图 13-35 所示。

（8）选择 4 个孔所在的面，如图 13-36 所示，然后单击"完成参考"→"完成/返回"命令，将 4 个孔补齐。

（9）单击"确定"按钮，然后选择菜单管理器中的"完成/返回"命令，选择着色按钮后，显示如图 13-37 所示。

（10）选择模型树下的 13_wrk 工件，单击鼠标右键，选择"取消遮蔽"命令，把毛坯显示出来，然后用同样的方法隐藏参考零件。

图 13-35　填充命令

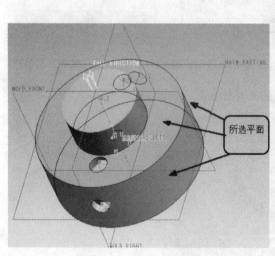

图 13-36　选择填补面

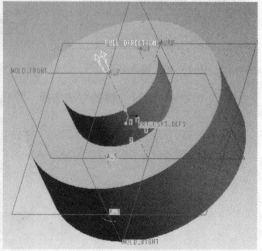

图 13-37　显示填充

（11）选择"延拓"→"沿方向"→"向上至平面"→"完成"命令，然后选择延拓的边，如图 13-38 所示。

（12）单击"完成"按钮，选择拉伸到的面为下表面，然后选择"确认延拓"命令。在工作区显示延拓后的效果，如图 13-39 所示。

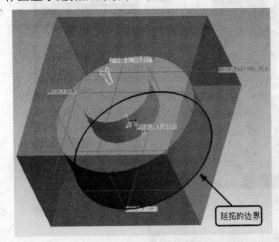
图 13-38 延拓的边界

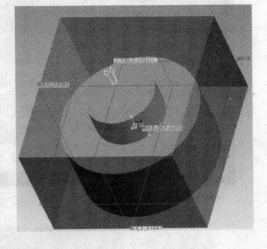
图 13-39 完成延拓

（13）选择"增加"→"拉伸"→"完成"命令，弹出"曲面：拉伸"对话框，如图 13-40 所示，开始定义属性。选择"单侧"→"开放终点"→"完成"命令。

（14）选择毛坯前面为绘图平面，选择方向为正向，选取 MAIN_PARTING_PLN 作为"顶"参考平面，这样弹出"参照"对话框，选择参考零件的底部、毛坯的左右侧作为参考，然后单击"关闭"按钮，如图 13-41 所示。

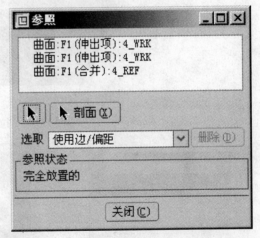

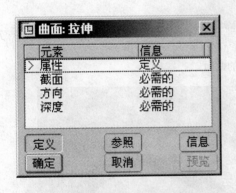

图 13-40 "曲面：拉伸"对话框

图 13-41 "参照"对话框

（15）在工作区绘制如图 13-42 所示的截面。

（16）单击 ✔ 按钮，完成草绘，选择标准方向，设置拉伸到曲面，如图 13-43 所示。

（17）选择"完成"命令，选择毛坯的后面为拉伸所到面，然后单击"拉伸"对话框的"确定"按钮，工作区显示拉伸完成，如图 13-44 所示。

（18）下面将创建的两个面合并，以生成分模面。选择"合并"命令，弹出"曲面合并"对话框，把拉伸的平面作为附加面，如图 13-45 所示。

（19）选择附加面组侧为"侧 2"，在工作区显示合并面组，如图 13-46 所示。

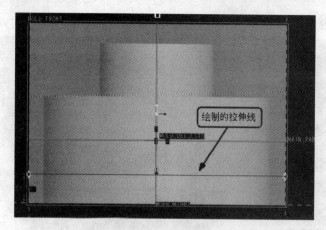

图 13-42　草绘线段　　　　　　　　　　　　图 13-43　设置拉伸

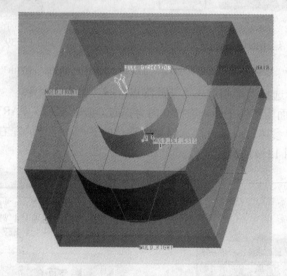

图 13-44　拉伸生成的曲面

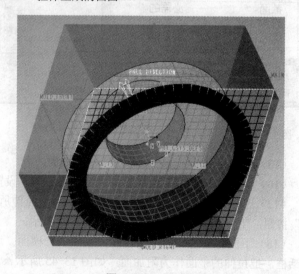

图 13-45　"曲面合并"对话框　　　　　　　图 13-46　显示合并

（20）单击 ✔ 按钮，完成合并，隐藏毛坯与参考零件，可看出完成的分模设计如图13-47所示。

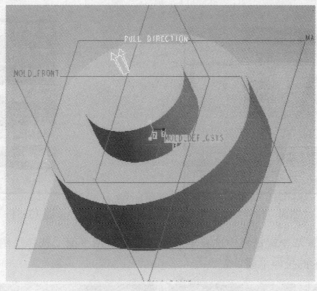

图 13-47 设计的分模面

13.3.6 建立滑块分模面

建立滑块分模面的步骤如下：

（1）在菜单管理器中选择"分型面名称"命令，在弹出的对话框中输入分模面名称"PART_SURF_HK_1"，如图13-48所示。

（2）单击"确定"按钮，选择"增加"→"拉伸"→"完成"命令，如图13-49所示。

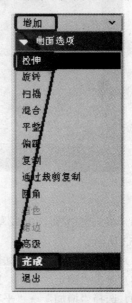

图 13-48 输入滑块分模面名称　　　　图 13-49 "拉伸"命令

（3）这样将弹出"曲面：拉伸"对话框，如图 13-50 所示，要求逐项设置。

（4）设置属性为"单侧"→"开放终点"→"完成"命令，如图 13-51 所示。

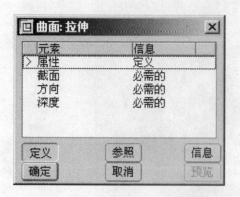

图 13-50   "曲面：拉伸"对话框

图 13-51   属性设置命令

（5）弹出的设置草绘对话框中选择毛坯的前端为绘图平面，选择绘图方向为"正向"，绘制如图 13-52 所示的拉伸平面。

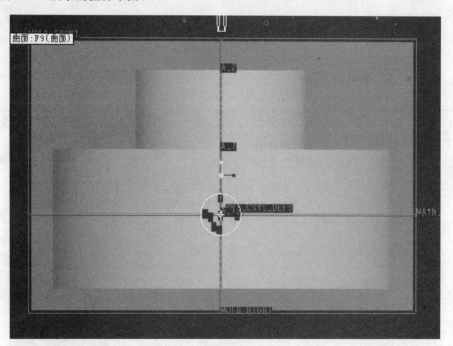

图 13-52   拉伸平面

（6）单击 ✔ 按钮，完成草绘，在弹出的命令栏中选择"至曲面"→"完成"命令，如图 13-53 所示。

（7）选择要拉伸的曲面如图 13-54 所示，为参考零件的前侧内凹面。

（8）单击"确定"按钮，完成拉伸面的创建，如图 13-55 所示。

（9）选择"增加"→"平整"→"完成"命令，弹出"曲面：平整"对话框，如图 13-56 所示。

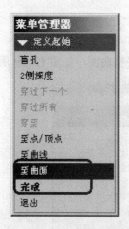

图 13-53 设置拉伸命令

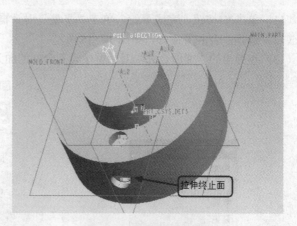

图 13-54 拉伸终止面

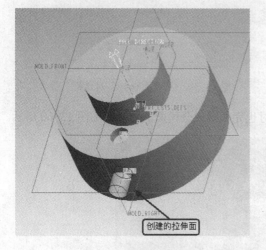

图 13-55 拉伸面

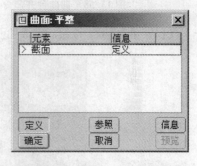

图 13-56 "曲面：平整"对话框

（10）绘制如图 13-57 所示的平整面。

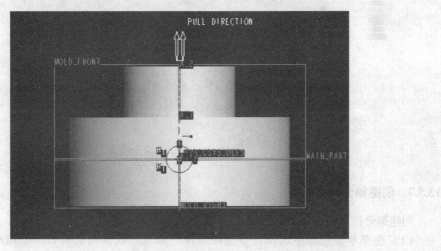

图 13-57 绘制平整面

（11）单击 ✔ 按钮，完成草绘。单击"平整"对话框的"确定"按钮。

（12）选择"合并"命令，如图 13-58 所示。

（13）在弹出的"曲面合并"对话框中设置合并的面为创建的平整曲面，如图 13-59 所示。

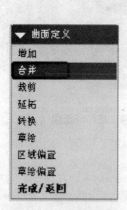   

图 13-58　曲面合并命令   图 13-59　"曲面合并"对话框

（14）单击 ✔ 按钮，完成曲面连接，同时也完成滑块分模面的建立，如图 13-60 所示。

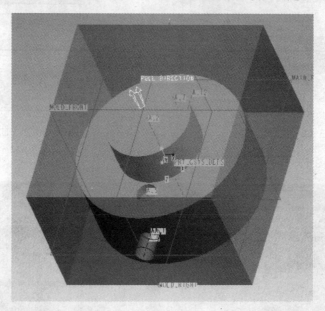

图 13-60　完成滑块分模面

13.3.7　创建销分模面

创建销分模面的步骤如下：

（1）在菜单管理器中选择"分型面名称"命令，在弹出的对话框中输入销分模面名称"PART_SURF_XK_1"，如图 13-61 所示。

（2）单击"确定"按钮，选择"增加"→"拉伸"→"完成"命令，如图 13-62 所示。

图 13-61　输入销分模面名称

图 13-62　拉伸命令

（3）这样将弹出"曲面：拉伸"对话框，如图 13-63 所示，要求逐项设置。

（4）设置属性为"单侧"→"开放终点"→"完成"命令，如图 13-64 所示。

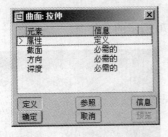

图 13-63　"曲面：拉伸"对话框

图 13-64　属性设置命令

（5）弹出的设置草绘对话框中选择毛坯的后侧为绘图平面，选择绘图方向为"正向"，绘制如图 13-65 所示的拉伸平面。

（6）单击✔按钮，完成草绘，在弹出的命令栏中选择"至曲面"→"完成"命令，如图 13-66 所示。

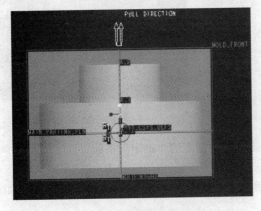

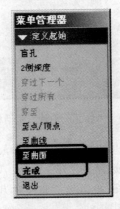

图 13-65　拉伸平面

图 13-66　设置拉伸命令

（7）选择要拉伸到的曲面如图 13-67 所示，选择 MOLD_FRONT。

（8）单击"确定"按钮，完成拉伸面的创建，如图 13-68 所示。

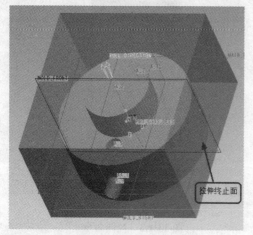

图 13-67   拉伸终止面

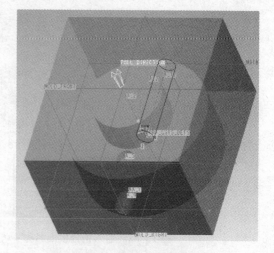

图 13-68   拉伸面

（9）选择"增加"→"平整"→"完成"命令，弹出"曲面：平整"对话框，如图 13-69 所示。

（10）在 MOLD_FRONT 平面上绘制如图 13-70 所示的平整面。

图 13-69   "曲面：平整"对话框

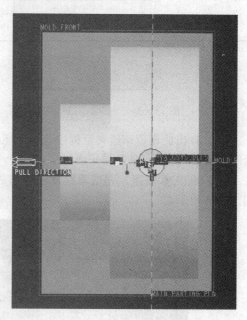

图 13-70   绘制平整面

（11）单击 ✔ 按钮，完成草绘。单击平整对话框的"确定"按钮。

（12）选择"合并"命令，如图 13-71 所示。

（13）在弹出的"曲面合并"对话框中设置合并的面为创建的平整曲面，如图 13-72 所示。

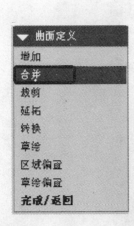

图 13-71 曲面合并命令

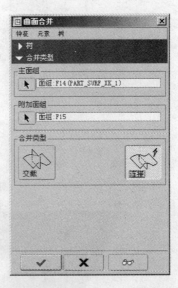

图 13-72 "曲面合并"对话框

（14）单击  按钮，完成曲面连接，同时也完成销分模面的建立，如图 13-73 所示。

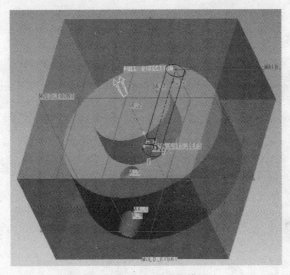

图 13-73 完成销分模面

13.3.8 以滑块分模面生成滑块

以滑块分模面生成滑块的步骤如下：

（1）在菜单管理器中选择"模具体积块"→"分割"→"两个体积块"→"所有工件"→"完成"命令，这样弹出"分割"对话框，如图 13-74 所示。

（2）选择步骤 13.3.6 所建立的分模面作为分模面，然后单击"确定"按钮，根据对话框中输入体积块的名称 body1，工作区显示 body1，如图 13-75 所示。

图 13-74 "分割"对话框

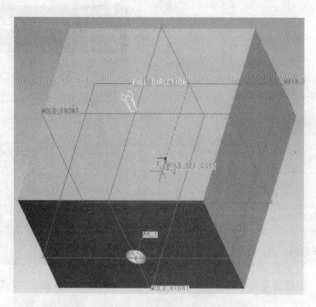

图 13-75　显示 body1

（3）单击"确定"按钮，根据对话框中输入体积块的名称 body2，工作区显示 body2，如图 13-76 所示，它就是创建的滑块。

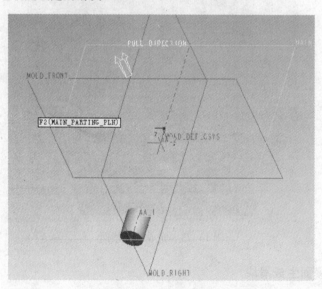

图 13-76　显示 body2

13.3.9　以销分模面生成销

以销分模面生成销的步骤如下：

（1）在菜单管理器中选择"模具体积块"→"分割"→"两个体积块"→"模具体积块"→"完成"命令，这样弹出"搜索工具"对话框，如图 13-77 所示。

（2）选择 body1 作为要分割的元件，选择步骤 13.3.7 所建立的分模面作为分模面，然后单击"确定"按钮，根据对话框中输入体积块的名称 body3，工作区显示 body3，如图 13-78 所示。

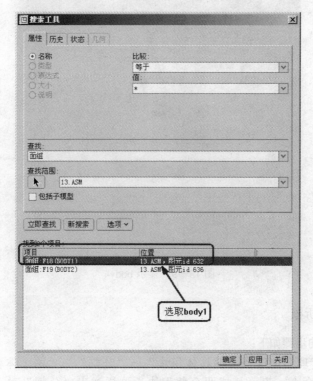

图 13-77 "搜索工具"对话框

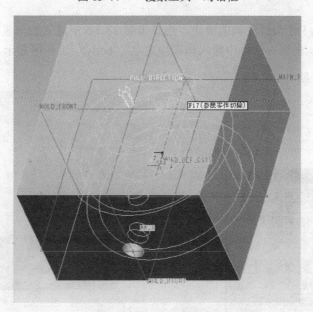

图 13-78 显示 body3

（3）单击"确定"按钮，根据对话框中输入体积块的名称 body4，工作区显示 body4，如图 13-79 所示，它就是创建的销。

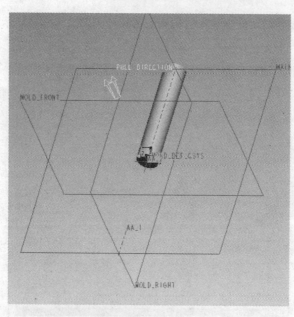

图 13-79　显示 body4

13.3.10　以分模面拆模

以分模面拆模的步骤如下：

（1）在菜单管理器中选择"模具体积块"→"分割"→"两个体积块"→"模具体积块"→"完成"命令，表示切成两个体积块，这样弹出"分割"对话框，如图 13-80 所示。

（2）选择 body3 作为要分割的模块，选择步骤 13.3.5 所建立的分模面作为分模面，然后单击"确定"按钮，根据对话框中输入体积块的名称 body5，工作区显示 body5，如图 13-81 所示。

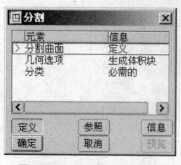

图 13-80　"分割"对话框

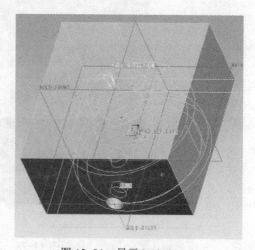

图 13-81　显示 body5

（3）单击"确定"按钮，根据对话框中输入体积块的名称 body6，工作区显示 body6，如图 13-82 所示。

（4）单击"确定"按钮，在模型树中显示分割件，如图 13-83 所示，可以看出三次分割体积块。

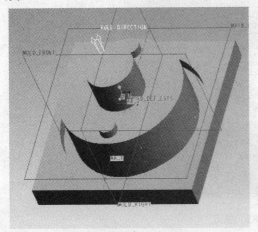

图 13-82 显示 body6

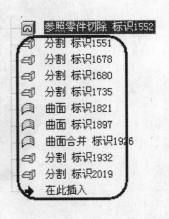

图 13-83 模型树显示分割件

13.3.11 创建模具元件

创建模具元件的步骤如下：

（1）选择"模具元件"→"抽取"命令，弹出"创建模具元件"对话框，如图 13-84 所示。

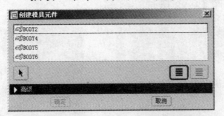

图 13-84 "创建模具元件"对话框

（2）选择 ▤ 按钮，表示全部选中，然后单击"确定"按钮，这样在模型树上就出现创建的型腔 body2、body4 、body5 和 body6，其中 body2 为滑块，body4 为销，body5 和 body6 为上、下模。

（3）在菜单管理器上选择"完成/返回"命令返回。

13.3.12 生成浇注件

选择"铸模"→"创建"命令，在提示对话框中输入名称 13MOLD，然后单击 ✔ 按钮，在模型树上显示 13MOLD 元件，完成浇注件的创建。

13.3.13 定义开模

定义开模的步骤如下：

（1）在模型树上利用 Ctrl+鼠标左键的方法选中参考件 13_REF、毛坯 13_WRK 及分模面的节点后单击鼠标右键，选择遮蔽命令，将参考件、毛坯和分模面隐藏，工作区显示如图 13-85 所示。

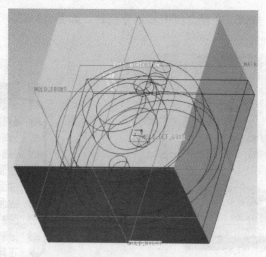

图 13-85　隐藏

（2）单击"模具进料孔"→"定义间距"→"定义移动"命令，开始打开模具的移动设置，如图 13-86 所示。

（3）选择部件 body2，然后要求选择移动的方向，选择图 13-87 中所示的方向。

（4）输入移动的距离，然后单击 按钮，再单击"完成"命令，在工作区显示开模，如图 13-88 所示。

图 13-86　移动设置命令

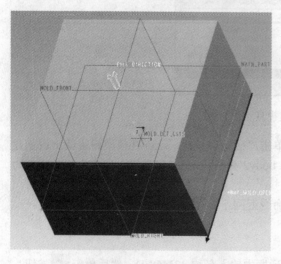

图 13-87　移动方向

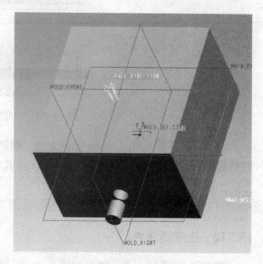

图 13-88　开模显示

（5）"模具进料孔"→"定义间距"→"定义移动"命令，选择部件 body4，设置移动方向如图 13-89 所示。

（6）输入负值的移动距离，表示向反方向移动，然后单击 按钮，再单击"完成"命令，在工作区显示移动如图 13-90 所示。

（7）选择"模具进料孔"→"定义间距"→"定义移动"命令，选择部件 body5，设置移动方向如图 13-91 所示。

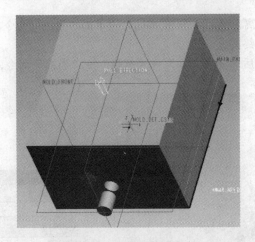

图 13-89　body4 移动方向

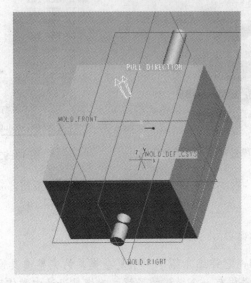

图 13-90　移动显示

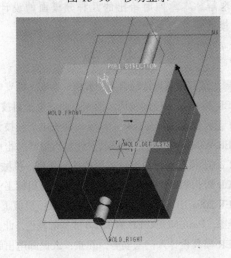

图 13-91　body5 移动方向

（8）输入移动的距离，然后单击 ✔ 按钮，再单击"完成"命令，工作区显示移动，如图 13-92 所示，就是开模最终图。

（9）保存文件，然后选择"文件"→"拭除"→"当前"命令，弹出"拭除"对话框，如图 13-93 所示。

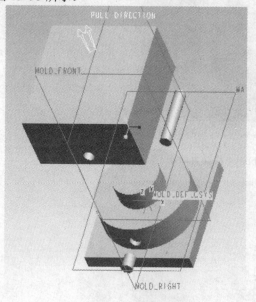

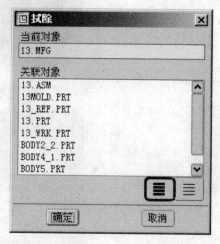

图 13-92　开模最终图　　　　　　　　　　图 13-93　"拭除"对话框

（10）选择 ▤ 按钮，表示选中全部，然后单击"确定"按钮，将所有的相关零件在内存中删除。

本 章 小 结

本章是对本书的总结，它详细介绍了一个复杂模具的完整模具设计过程。通过本章的学习，读者应该对模具设计过程有一个很深的了解，对模具设计中常使用的方法（如孔、滑块与销的设计等）有一个深刻的理解。本章同时给出的几种分模面的设计方法（拉伸、延拓、复制、合并、平整等）也是设计分模面最主要的方法。

参 考 文 献

1　张武军．精通 Pro/E（野火版）模具设计经典实例教程．西安：西安电子科技大学出版社，2004

2　邢克飞．Pro/ENGINEER 2001 从入门到精通．西安：西安电子科技大学出版社，2003

3　李衍．Pro/ENGINEER 工程建模实例与技巧．西安：西安电子科技大学出版社，2004

4　葛正浩．Pro/ENGINEER Wildfire2.0 塑件及模具设计实例精解．北京：机械工业出版社，2006

5　阮锋．Pro/ENGINEER 2001 模具设计与制造实用教程．北京：机械工业出版社，2005

6　杜智敏．Pro/ENGINEER 野火版钣金模具设计实例．北京：机械工业出版社，2005

7　詹友刚．Pro/ENGINEER 2001 中文版模具设计教程．北京：机械工业出版社，2001

8　苏厚合，黄俊贤，黄圣杰．Pro/ENGINEER 野火 2.0 版基础教程．北京：人民邮电出版社，2001

9　戴竞志．Pro/ENGINEER 模具设计入门与实务．北京：人民邮电出版社，2002

冶金工业出版社部分图书推荐

书　名	作　者		定价（元）
SolidWorks 2006 零件与装配设计教程	岳荣刚		29.00
Mastercam 3D 设计及模具加工高级教程	孙建甫		69.00
机械基础知识	马保振		26.00
机械优化设计方法	陈立周		29.00
机电一体化技术基础与产品设计	刘　杰		38.00
机械制造装备设计	王启义		35.00
可编程序控制器及常用控制电器	何友华		30.00
机械制造工艺及专用夹具设计指导	孙丽媛		14.00
智能控制原理及应用	张建民		29.00
通用机械设备（高职）	张庭祥		25.00
机械设计基础（高职）	吴联兴		29.00
机械制造工艺基础	钱同一		49.00
机械安装与维护	张树海		22.00
画法几何及机械制图	田绿竹		29.80
画法几何及机械制图习题集	刘红梅		28.20
机械制造装备设计	王启义		35.00
电力拖动自动控制系统（第 2 版）	李正熙		35.00
机械工程测试与数据处理技术	平　鹏		20.00
仪表机构零件（第 2 版）	施立亭		32.00
起重机课程设计（第 2 版）	陈道南		26.00
机械可靠性设计	孟宪铎		18.00
机械设计课程设计	巩云鹏		23.00
计算机控制系统	张国范	顾树生	29.00
自动控制原理（第 4 版）	顾树生	杨自厚	29.00
AutoCAD 2002 计算机辅助设计	王　茹		29.50
冶金机械安装与维护	谷士强		24.00
电工与电子技术	李季渊		26.00
机械故障诊断基础	廖伯瑜		25.80
工厂电气控制设备	赵秉衡		20.00
工厂供电系统继电保护及自动装置	王建南		35.00
机械维修与安装	周师圣		24.00
实用模拟电子技术	欧伟民		28.50
工业测控系统的抗干扰技术	葛长虹		39.00
CAXA 电子图板教程	马希青	李秋生	36.00